大是文化

「説明が上手い人」がやっていることを1冊にまとめてみた

最少話的
最強說明法

「擅長說明」的人無須很會說話。
年薪四百萬的外資菁英示範，
怎麼說明不費力，聽者給好評，還給高薪。

任職於外資金融機構、
YouTube訂閱人數超過二十五萬
駭客大學PESO——著
（ハック大学ぺそ）
林佑純——譯

CONTENTS

CHAPTER 2

想到什麼說什麼，別怪別人聽不懂

CHAPTER 3

不要擔心講太少，長話更要短短說

CHAPTER 4

簡單講，比你以為的困難

推薦序

掌握上臺報告的流量密碼

培果工作室教學吸睛技巧培訓師／曾培祐

我是一位培訓師，「上臺報告技巧」是我培訓的主題之一，每次以此主題進行培訓時，我都會問學員一個問題：「上臺報告最難的是什麼？」得到的答案很多元，像是因為緊張導致表現失常、如何讓主管聽得懂或如何能說服客戶……總結許多答案之後，我們得出這個結論：上臺簡報最難的是在短時間內，把長時間的努力說清楚！

舉幾個例子，每週工作彙報，要把你一週的努力，在短短五分鐘內說清楚；年度工作彙報，要把你一年的努力，在二十分鐘內說清楚；對客戶產品簡報，要在十分鐘內，把對產品多年的研發重點講明白。

這很不容易，不容易的地方在於取捨。你絕對無法在二十分鐘內，把一整年的努力，一個一個說明清楚，如果上臺報告，沒有意識到要先取捨，那一定會講的又急、又雜、無法凸顯重點。如果主管每次聽你簡報，聽到最後都忍不住要問一句：「你到底想表達什麼？」如果客戶每次聽到最後都不可避免的拿起手機處理其他公事，那你一定要先從取捨這一塊，重新構思自己的報告內容。

具體怎麼做？我在閱讀本書時，得到了很大的啟發，作者說：「準備上臺報告內容時，要謹記『對象×目的』，這個公式能讓主管抓到重點，讓客戶專心聽你說。」書中提到，忙著準備自己想講的，沒有意識到對方想聽的，恰恰是簡報的第一大地雷。而如何讓對方想聽，就要思考關於這個主題，對方到底在意什麼？是數據還是案例、背景需要詳細說明還是直接說結論、有明確需求還是沒有……對方在意什麼，就是上臺報告取捨的第一個線索。

接著就是目的，職場簡報的目的不外乎兩種，第一種是「說明型上臺報告」。本來聽者不知道，聽完報告後便掌握了狀況，每週工作彙報通常屬於這一種；第二種是「說服型上臺報告」。本來聽者不一定認同，經過你的解說，聽者願意同意你提出的方案。說明型簡報，我們要取聽者還不知道的部分，捨棄他們已經知道的重點。

透過「對象×目的」，我們在選取內容上，有更明確的標準，也更能在每次短時間的報告中，把長時間的努力展現給對的人！作者在書中說了一句我非常喜歡的話：「擅長說明，就是你最棒的口碑。」如果你希望透過報告、講解，累積自己的職場口碑，這本書非常適合，作者以「對象×目的」為核心，設計出許多實用、好用的報告技巧，非常推薦！

前言

一支影片百萬觀看，我怎麼辦到？

這世上有各種不同的說明法。

不過以下列舉出的，都是我在實際嘗試之後，發現其實沒什麼用的做法：

- 表達講究邏輯，有條不紊的逐一報告。
- 在談話中試圖讓對方感受到自己的熱忱。
- 無論如何都從結論開始說明。
- 不想打斷對方說話，一再出聲附和。

- 為了使對方容易理解，先詳細說明狀況。
- 為了讓主管方便判斷，按照時間順序說明。
- 把知道的事情全部說出來，避免遺漏。
- 大量活用商務用語及外語。
- 下指令時，只簡潔告知對方要做的事。
- 以華麗的簡報技巧吸引現場聽眾。

看到這十種方法，各位覺得如何？有幾點或許會讓人認為：「這樣做不太好吧？」但有些可能會讓人忐忑不安，「為什麼不行？我經常這樣做。」詳細原因會在書中說明，這邊先舉其中一個例子。

有邏輯的表達乍看是相當有效率的方法，當然，如果要在短時間內報告一件事，這會是個不錯的選擇，不過在多數場合，只憑理論說明，別人會難以理解。例如，要向完全沒有概念的人，解釋現今流行的訂閱制時，你可以透過邏輯思考方式說明：「訂閱制就是在一定期間支付一定金額，以持續使用商品或服務的一種商業模式。」這個說法沒錯，但對方聽了可能還是似懂非懂。假如透過比喻來表示：「就像是燒肉吃到飽一樣，每個月除了飲食外，還有流行時尚和音樂等各種服務。」這樣說，對方是不是會比較有概念？**重點在於讓左腦及右腦同步運作，利用生活中的人事物比喻，讓對方容易理解**。

擅長說明的人，在談話上是有訣竅的。不用擔心，也不是多困難的技巧，只需要記住書中提到的幾項原則就可以了。只要掌握幾項簡單的技巧，並依不同場合適時活用，任何人都能大幅提升說明力。

接下來讓我自我介紹一下。

我是駭客大學 PESO，是個年近三十歲的商務系 YouTuber，平常會在頻道上更新一些幫助上班族的資訊影片，目前約有二十五萬的訂閱人數，其中人氣最高的影片，約有一百四十萬次的觀看次數。我不是全職

YouTuber，而是任職於外資金融機構，年薪約兩千萬日圓（按：全書日圓兌新臺幣之匯率，皆以臺灣銀行在二〇二三年一月公告之均價〇．二三元為準，約新臺幣四百六十萬元）的上班族。

看到這你可能會想：「什麼嘛，你這個菁英人士當然擅長說明啊。」事實上恰恰相反。大學畢業後，我在第一份工作中遭遇過挫折，相關經驗無法活用於之後的職場，也曾歷經百般掙扎，換了三次工作。直到現在，我的年薪才終於超越了同齡的上班族。

我將這個過程所獲得的知識與技能，以短片的形式與觀眾分享。其中有關「說明」的部分特別深奧，也是許多觀眾煩惱、希望能討論的主題之一。我在整理過後，覺得有必要深入研究並進一步分享，因此這次不是拍成影片，而是以書籍的形式呈現給大家。

我在剛踏入職場時，為了提升說明技巧，不斷摸索學習，拚命問自己：「該怎麼做，才能順利講出自己想表達的內容？」之後我就開始觀察，在業務第一線、擅長說明的人都是怎麼說話。

例如，常跑業務的A小姐，平常會主動拜訪客戶，不知道為什麼，聽她說話就是會讓人想了解更多；還有簡報無敵的B先生，無論再怎麼棘手的會議，只要他站在前面開始簡報，就會突然風向一轉，企劃案也輕鬆被採用。

擅長說明不等於很會說話。有些人平常說起話來並不流利，卻格外善於說明細節。像我認識的一位技術專員C先生，只要經過他的說明，無論什麼問題都能立刻解決。

仔細觀察過後我發現，擅長表達的人都有幾項類似的技巧。我本身也透過仿效這些技巧，跨越各種困境，才擁有現在的成就。要說是說明力造就了現在的我也不為過。

本書集結了我嘗試過後，覺得特別實用的小訣竅。你可以想像成一家由「駭客大學 PESO」當採購，精選出特別值得推薦的說明法來販售的精品店一樣。

話說回來，擅長說明有什麼好處？首先，溝通過程會比較順利，不過好處可不只這些。你周遭一定也有擅長說明的人，看到這類型的人，你心裡怎麼想？「這個人……還真厲害呀！」、「可以說得這麼淺顯易懂，他的頭腦一定很好。」你一定多少閃過這樣的念頭吧。

在職場上要讓別人認為你很厲害，就要拿出成果。例如，連續幾個月業績奪冠，或是完成預算偏高的大型專案，在累積一定的口碑之後，工作上就能獲得好評。不過，經營口碑需要花不少時間、心力，但是，只要你很會講解，別人就會覺得「這個人一定很厲害！」、「把重要的工作交給他，應該沒問題」，可以在實際做出成績前，先獲得一定的評價。

沒錯，擅長說明的好處不只是能溝通順暢，還可以成為提升個人價值的工具。相反的，要是不善於表達，別人便會對你產生這樣的想法，「完全聽不懂他在說什麼，我不太想跟這個人共事。」、「這個人頭腦應該不太好……。」

擅長說明，就是你最棒的口碑。我在頻道影片中曾談到，熟悉商務技能，就等於提升了自己的市場價值。這可不是只有準備轉換跑道的人才需要留意，無論是在職場或人際關係上，都應該適度提升自己的價值。

在講解時，有時候誰說的，會比說了什麼更重要。就像鈴木一朗跟國中棒球隊隊員同時分享一樣的打擊技巧，但你一定會比較相信鈴木一朗所說的吧。

只要能透過說明力提升自我價值，你的話語就會更具有說服力，之後還會影響到他人對你的信任程度，進一步獲得重要的工作機會，最終反映在年薪上，於精神及經濟面同時充實、豐富你的人生。

不過，我原本也非常不擅長說明。大學畢業前夕，我曾報名多家企業的大型面試，「我在大學擔任○○社團的幹部！打工時也勝任小組長！希望能獲得貴公司的工作機會！我很欣賞貴公司○○的部分……！」即便在面試會場上拚命宣傳自己，但最後收到的回覆總是：「預祝您發展順利……（不錄取）。」

我每天都排了滿滿的行程，孤軍奮戰好一段時間，卻遲遲得不到好消息。「為什麼沒人想用我？」、「在自我介紹時，哪些重點能打動面試官？哪些回答又是對方不想聽的？」我從面試的經驗中逐步摸索，列了幾道假設，並藉此嘗試多種不同的說明方式。

在最後一個假設中，我嘗試以「這位求職者能否對本公司的營業額和利潤有所貢獻？」的觀點思考。現在回想起來，本來就應該這樣想才對，但當時的我卻從未察覺到這一點，還因此浪費了不少時間。要是有時光機，我應該會回到過去，提醒自己。

我原本就很愛說話，從小就常跟一群同伴吵吵鬧鬧，對炒熱場面及自己的溝通能力頗有自信，所以在找工作時，也天真的認為，「面試只是小菜一碟，兩三下就能搞定。」但在一連串碰壁之後，我才切身了解到，**即**

使擁有溝通能力，也不等於善於說明。

再怎麼賣弄脣舌，對方聽不懂就沒有用，**想讓對方理解你的想法，重點不在於傳達自己想說的，而是告知對方想知道的**。從這個方向去思考，就可以推算出自己在面試時該說什麼、對業界和企業應事先做好哪些功課、準備哪些應對的話題，光是如此，就能大幅提升錄取率，當時的我也因此順利應徵上心目中的理想企業。

我再強調一次，只要有心，任何人都能提升自己的說明力，而且也不存在所謂的門檻。況且，在工作還沒做出實績前，就能建立自己的口碑，沒有比這個CP值更高的方法了。

CHAPTER

1

我說得很認真，對方卻聽得很模糊？

1 可能是你的思考模式錯了

在前言提到，只要靠一些訣竅和技巧，就能大幅提升說明力。這些祕訣雖然也能死背硬記，但若是希望深入領會、活用技巧，就得先從思考模式著手。

我曾長期觀察不擅長說明的人，發現除了口才以外，不擅長說明的人，都有著類似的思考模式。為什麼我會這麼說？因為人類的行動，會具體呈現一個人的思考，講極端一點，正確的思考模式，會反映出正確的行動，而錯誤的思考模式，就只會做出錯誤舉動。

在這個章節中，我將簡要列舉出，不擅長說明的人常出現的幾種思考模式。之後的章節所提及的具體技巧，就是從正確思考模式中衍生出來的。因此，主動歸納出平常工作上的習慣，充分了解心態上有哪些問題並積極改善，帶著這樣的想法來學習，會更容易理解吸收。相反的，不想改變原本的想法，只想速成，之後可能難以實際應用。

了解自己的思考方式後，就要適時改正，再熟悉技巧，就能在工作上發揮相當大的成效。

2 人們只在乎：這件事對我有何好處

要用一句話來形容說明失敗的最大原因，那就是忽略了對方的想法。

我也曾有過類似的經驗，滿腦子想著要好好跟對方說明才行，說出口的話卻跟不上自己的想法；害怕雙方沉默下來，卻講出不適當的話……簡單來說，就是被「要好好說明」、「必須解釋清楚」的想法所侷限，而忽略自己是為了什麼、該怎麼向對方說明。

本書的起點，將從培養這樣的意識開始。假如你為了該如何說明而遲疑，就先想想自己接下來，是為了什麼才要講解？對方接收到什麼樣的內容會高興？適時確認對象及目的。只要這麼做，你的能力就會大幅躍進。

好的說明，會替對方帶來一定程度的好處

我先解釋什麼是好的說明。可能是內容簡潔、正確、容易理解……根據不同狀況，可能會有不一樣的變化。不過，有時候明明覺得自己表現得還不錯，對方卻無法理解，有可能是因為你只站在自己的立場。

舉例來說，「選擇這個商品的話，一年最多能省下十萬日圓」、「我們為了開發這個商品，整整耗費了兩年」，以消費者的立場來說，這兩種說話方式，你會比較想聽哪一方？我想，大多數人比較想聽前者吧，因為他完全站在顧客的立場，並具體說明對顧客有利的內容。

當然，有些人也會對商品開發的故事感興趣。不過在前述例子中，容易給人一種吐苦水的印象：「跟你說，我們當初開發這個商品有多麼多麼辛苦啊……。」好的說明，會為對方帶來一定程度的好處，有時只要稍微改變一下講法，讓對方認為「說不定能得到些好東西」，他會比較樂意繼

續聽下去，也因為如此，對方才會在聽取說明後採取行動、改變想法，甚至爽快付錢。進一步來說，對方最後若是能獲得原本期盼的甜頭，也會更加信任、肯定你的能力。

給好處或煽動焦慮，你得二選一

所謂的好處有很多種，不過廣義來說，可以概括為一個原則，這是我在製作 YouTube 影片時注意到的。假如希望更多人看到這支影片，無論什麼樣的內容（類型），都要明確向觀眾表示：「看了這支影片，你會獲得這些益處（加強預期心理，看了會有幫助）」、「看了這支影片，你能避免這些壞處（煽動焦慮，不看是你的損失）」。

我做的 YouTube 影片也是以說明方式呈現。無論要講什麼內容，我都會在影片標題，或縮圖封面上簡短標示「能獲得〇〇知識」，或是「你可能不知道這些事」等與內容相關的情報。如此便能促使觀眾進一步去了解影片內容。剩下的關鍵就在於，影片資訊能得到多少人的關注。

假如是對特定對象說明，談話範圍自然比較明確。不過，也必須適時提醒自己，雙方是以什麼為目標、主要目的是什麼，不然一旦出現突發狀況，或是心裡有些焦慮，自己就會很容易忘記這些重點。

我已經那麼努力，對方卻無動於衷？

你要說明的對象可能是你的主管、部屬、同事、客戶，或是雙親、小孩、結婚對象、男女朋友。目的或許是報告、聯絡、商量，甚至包括跑業務、簡報、提案、邀約、銷售、申請許可，或是從打發時間的閒聊到愛的告白。

在「對象×目的」的組合下，自然就能獲得提示，進一步掌握方向，得出要解釋的內容、該怎麼安排順序、以什麼方式說明、應準備哪些輔助資料等結論。

說明時，要盡量設法滿足對方的目的。**「對象×目的」，可以說是提升說明力的基礎公式**。反過來說，假如內容沒有符合對方需求，那就沒有意義，這是很重要的一點，卻還是讓許多人深陷「我已經那麼努力了，對方卻還是無動於衷」的迷思當中。

為什麼說是迷思？因為，就算你的解釋不符合對方需求，在內容上或許還是能提供部分協助，但即使方向是對的，卻在態度上太過自我中心，忽視了對方的需求，反而造成反效果，對方也可能會怒回：「我沒問你這個！」而被扣分。

3

每個人都有不能提及的地雷字眼

假如你自覺是一個不擅長說明的人，上場前又沒有足夠的準備時間，事情自然很難朝理想方向進行。

如果覺得自己準備得很完美，正式上場卻沒有發揮好，可能是準備的內容出了問題。不過，這裡所說的準備，可不是指詳盡易懂的簡報資料，或是展現流暢的口才。**事前準備的重點在於調查你的說明對象**。

你的對象是誰？直屬主管？負責業務的幹部？客戶方的負責人？部屬？其他部門的同事？供應商的負責人？你是否曾為了進一步了解對方是什麼樣的人，而嘗試蒐集相關情報呢？

假設你是上班族，會需要頻繁的和主管報告、聯絡、商量。我想，在閱讀本書的各位，一定也有不少人煩惱該怎麼向主管講解，並因此感到壓力山大。但這也顯示，只要能改善這一點，工作會變得更加省時省力，每天上班也會更輕鬆。

他重視什麼、不重視什麼？

我要先提出一個問題：你的主管是個怎樣的人？你能馬上回答嗎？

這邊指的可不是溫柔、開朗、有趣等表面上的性格，而是對方的思考模式、過去的經歷、現在的頭銜跟地位、比較重視跟比較不重視的事情。他看重實證還是直覺？講話注重細節，還是比較簡明扼要？絕對不能提到的地雷關鍵字有哪些？對方跟他的主管，平時關係如何？這類問題，你能有把握回答出多少？

要是原本就不擅長跟那位主管相處，可能也不會特別想知道如此詳細的情報。不過換個想法，對方既然是最常跟自己接觸的對象，那關於他的情報，應該怎樣都不嫌多吧。

完全沒有事先調查，就莽撞的向對方說明事情，是十分愚蠢的行為。所以，請盡可能蒐集能派上用場的各種情報。

那位主管站在什麼樣的立場，思考模式又是怎樣？努力蒐集在平常工作時，或是說明時發現的新資訊，掌握對方的習慣與偏好等，就能歸納整理出適用的攻略法。

對方是背負上級期許的菁英、看重數據和實證、偏好簡短的說明和文章、重視資料排版美觀與否，且因為平常很忙，如果拿到能直接呈報給上級的資料會特別高興……在蒐集到這類情報後，在今後的相關策略上，是不是更容易看出該怎麼講，才能回應對方的期待呢？

嘗試貼近對方需求、量身打造說明細節，這樣積極的心態，會在本書的第四章詳細解說，這些都是在說明的過程中，十分值得留意的重點。

只要花心思觀察，就能掌握對方需求，之後將需求重點導入內容當中，就能一次獲取大量的印象分。

4

自己都不懂，還想說給別人聽

「話說回來，你對這個項目有什麼想法？」假如突然被主管問到有什麼意見，不擅長說明的人可能很容易不知所措。雖然想表達自己的意見，說起話來卻支支吾吾，甚至直接愣在原地。

發生這種情況時，比較體恤部屬的主管，可能會視情況再問一個比較容易回答的問題，不過大部分的主管應該只會回一句：「沒什麼意見的話就算了。」並在心裡貼上「廢柴部屬」的標籤。

在工作上，沒有意見，就像表明自己沒有用大腦思考一樣，這類型的人通常也不怎麼擅長說明。

你得先消化指令，再跟別人說

主管和部屬之間雖然立場不同，但都隸屬於同一個團隊。要比喻的話，主管是教練，部屬就是球員，各自都有應盡的職責，但也朝向同一個勝利目標前進。球員大多時候需要依據教練指示的戰術行動，但若是在球場上臨時生變，就要憑藉球員個人的判斷力，隨機應變。就像在足球賽事上，球都要在球門前被搶了，還死命的依照教練指示，遲遲不射門得分，這種球員會成為團隊的隱憂。

回想看看，無法陳述自己的意見、沒辦法清楚說明自身想法的人，平常的工作表現，是不是通常比較缺乏主見，習慣依照上級指示來做事呢？有時候，無法表達自己的想法，不一定是不懂怎麼講，很有可能是因為沒有思考過，所以不知道怎麼說。

這類型的人，在需要對自己的部屬或晚輩，或是其他企業的員工說明時，必須多加留意。

習慣等候指示的類型，容易在未經消化內容的情況下，直接將主管交待的事項傳達給其他人。由於說明者本身尚未理解目的，聽取方自然一頭霧水。在這種情況下，說明者要是被現場提問，很可能會支吾其詞，甚至自亂陣腳。

問自己：「能解決客戶煩惱嗎？」

該怎麼做，才能習慣獨立思考？這邊以剛才主管的提問為例，來進行簡單的練習吧。

公司即將發表新商品，你在偶然間被主管問到：「話說回來，你對這個項目有什麼想法？」這時該怎麼回答才好？不少人應該會回：「我覺得很不錯啊。」但這樣很容易被認為「你什麼都沒在想」，甚至會給人一種自視甚高的感覺。

你可能會覺得，自己明明已經好好思考過了，但那只是腦海中的一股模糊概念。那不是思考，只是想、感覺，這種想法很難透過詞句，清楚向他人解釋。

要如何將腦海中的概念，具體轉化為言語呢？在第二章中，我會詳細介紹到，「假設性思考」將成為說明時的一大助力。

假設以新商品為主題，可以試著問自己，「這項新商品，能解決顧客的煩惱嗎？」並盡可能蒐集相關資料、匯集顧客建議，再思考得出「商品的這個部分，應該能有效改善顧客煩惱」的結論。這才是你用頭腦思考出的答案。

但既然是假設，自然會有些不合理的地方，不用每次都要是正確的。平常多嘗試這類思考訓練，比較不容易在主管問話時緊張，才能進一步提升能力。

5 表達高手三步驟：學習、練習、改正

世界上不乏許多知識豐富的人。有些人可能平時就會透過各種管道涉獵商務知識，了解各領域的相關技能。許多 YouTube 上的觀眾也是如此，不少人逛遍各大頻道，熟記影片中的知識，十分熱衷於主動學習。

不過，要問到他們是否曾實踐學習到的知識，意外的有許多人從未實行，單單只知道其中的理論就感到滿足。無論是本書，或是其他有關說明術的書籍中，都介紹了許多技巧，但表達能力的高低，不見得跟學到的說明訣竅的量呈正比。

熱衷於學習的人，可能會努力增加知識量。然而，要在適當時機活用

技巧，才能發揮所學的效果，若是不熟悉活用方法，還是有可能被視為不擅長說明的人。

要怎麼運用，得視當下的對象和目的而定。可能很多人會想問：「所以我該直接歸納出結論？還是慢慢說？至少讓我知道這個吧！」我懂這種感覺，我們在受教育的過程中，大都以筆試來測驗學習成果，所以如果能掌握實質的答案，多少令人比較放心。

可惜，出社會的解答通常因事而異（case by case），也就是說，掌握個別狀況並訂立策略，才可以提升能力。

學會技巧，更要懂用

說明的技巧，就像桌遊的卡牌或遊戲中的咒語一樣，蒐集越多，對局面越有利，但要用在關鍵時刻，才能發揮真正效果。假如在不適合的時機使用，反而自曝其短。

本書後續將介紹的，都是值得先學起來，並具備高度應用性的方法。除了新的知識，可能也有些你原本就有聽過，但沒有特別意識到的內容，我也建議藉這個機會來確認及運用。

不過，我也希望各位在進入正題之前，要記得一件很重要的事——單憑吸收知識，無法發揮你學習到的技巧。我這邊就舉個最典型的例子。

假如各位在閱畢本書後，覺得「對我還蠻有幫助的」，那是我的榮幸，但大多數的讀者可能在看完之後，就將內容拋在腦後。

單純為了獲取知識而滿足；看完內容就覺得已經得到書中真傳，並緊接著朝下一本書或學習項目邁進，而透過影片來獲得知識，更容易出現這樣的問題。簡單來說，就是只顧著吸收知識，卻不實踐，在這種情況下很難進步。

不斷學習、挑戰、修正

一如在前言中所提到的，我在求職期間能大幅提升說明力的最大原因，就在於當時的我無路可退，必須同時兼顧吸收知識與實際執行。面試沒有被錄取，記取教訓↓學到教訓之後，立刻挑戰下一次面試↓挑戰過後，檢討、修正方向↓從經驗中獲得新的結論。

正因為在求職時必須面對這種學習、練習、改正的循環，才半強制的提升了我的說明力。

習得的技巧應該運用在哪些地方？在什麼情況下並不通用？這些細節在反覆練習之後，也會越來越清楚。即使不是一開始就接近完美，也會實際提升成功機率。此外，面試後能馬上得知結果，這十分有助於加速吸收與實踐的循環。

無論是吸收或實踐知識，都取決於自己的意願。不過，只顧著吸收新知的人，看在他人眼裡是不求改進的。無論學習再多訣竅，都要試著實際操作，才有可能獲得反饋，「最近，那傢伙很努力呢」、「他好像很看重這項任務」，務必把握實踐機會。

雖然有點像在說教，但許多人都會陷入「盡可能低調行事，只聽上級指令辦事」的工具人思維，我覺得這樣非常可惜，明明可以做到更多，卻刻意迴避機會，結果無法獲得應有的評價。缺乏實際行動，很難培養技巧，在閱讀接下來的章節時，各位也務必牢記這一點。

CHAPTER

2

想到什麼說什麼，別怪別人聽不懂

情境：向主管提議如何增加零售商A店的營業額。

✕

今天我去了A店，發現營業額正在衰退，我在想是不是可以引進集點卡，之前在B店還蠻有成效……。

原因：想到什麼說什麼，讓人聽不懂你的結論，也很難理解重點。

○

A店應該引進集點卡系統。今天我跑了一趟現場，發現最近的營業額明顯衰退。先前B店引進集點卡系統蠻有成效，A店是不是也能比照辦理？

原因：一開始就說結論，也比較容易實際確認及判斷內容。

①先從結論開始說

能正確傳達內容，別人不會反問：「你到底想表達什麼？」也不會讓人覺得有壓力的說明方式，大致上有三個特點：

1. 順序明確，有條有理。
2. 使用數據或相關資料佐證。
3. 快速、簡潔、有效率。

這裡先從第一點「順序明確，有條有理」來討論。在前述例子中有運用到前言也提過的「從結論開始說明」，也使用了穩定溝通基礎的「PREP法則」，應該不少人聽說過這個知名的談話架構。

在PREP法則中，P代表結論（Point），R代表導出結論的原因（Reason），E代表具體案例及根據（Example），最後的P則是再次強調結論。在工作上特別需要正確及快速說明，只要了解PREP法則，並將想說的內容分解成這四個步驟，就能讓對方更懂你的意思。

簡單來說，就是先從結論切入。在不夠熟悉的階段，可能需要特別留意四個步驟的先後順序，等習慣這樣的說話方式後，自然而然便能從結論開始講解。

對方不會有耐心聽你說

我們再來比較一次剛才的對話（第四十五頁）。

兩者的內容，在意思上幾乎完全一樣，只有順序上的差異。有些人可能就會覺得，既然如此，只要對方耐著性子把話聽完不就好了？但對聽者來說，這兩種說明方式還是有很大的不同。

「A店是否該考慮引進集點卡系統？」一開始就明確提出結論，對方會知道「原來如此，他接下來是打算解釋原因吧？」並集中注意力，認真聽後續的內容。

對聽者來說，結論是否合理、能否符合期望、甚至最終能不能取得同意都無關，重點在於審視結論背後的原因及根據。

假如一開始就得知結論，就可以在聽說明的同時，以自己的見解及假設來判斷對方的論點，相對來說也比較有效率。

結論優先，加速對方理解

假如先解釋原因及根據，過程中不但容易被對方的態度影響，他也必須聽完所有內容，才能釐清整個話題的始末和重點。因此在說完之後，會有相當高的機率反問你：「所以你想表達什麼？」既然如此，不如先提結論，如此更能有效避免對方不耐煩，甚至降低被反問的機率。

可能會有人覺得，不用著急，好好聽完別人講什麼不就好了？有這個想法，表示你沒有考慮到聽者的感受，因為沒有安排好順序，難免會占用到對方寶貴的時間，所以，當工作上需要講解時，盡量從結論開始說。

情境：被問到與A公司續約業務的處理進度。

✕

我看對方負責人的反應，應該沒問題！

原因：「應該沒問題」不算回答，應避免抽象表達自己的感覺。

〇

對方還沒有正式決定。

原因：先確認、共享既有的事實，可以之後再表達個人見解。

2

「應該沒問題」就是最大問題

自己很認真的仔細、清楚說給其他人聽，卻被回：「我聽不太懂你想表達什麼。」對方會這麼想，很可能是因為你在對話時，將事實和個人見解混為一談，想到什麼就說什麼的人，更容易有這樣的傾向。

第一步要認清事實與個人見解之間的差異。簡單來說，事實就是實際上發生的情況（客觀），個人見解則是自己的想法和理解模式（主觀），這裡可以舉幾個實際例子：

1. Q：今天氣溫幾度？

A：二十度。（事實）、還蠻暖和的。（個人見解）

2. Q：那個人幾歲了？

A：三十歲。（事實）、他還很年輕。（個人見解）

3. Q：續約的情況如何？

A：對方尚未確定。（事實）、應該沒問題。（個人見解）

用事實來說明，誰都能立刻掌握狀況。像二十度暖不暖和，其實會受到很多因素影響。

至於第二個例子，就比較容易產生爭議，假如是三十五歲和四十歲的人在談話，那就沒什麼問題，但要是在場有另一位二十二歲的新進員工，聽了或許會疑惑：「三十歲？這算年輕嗎……？」

主觀感受，別人很難認同

其中最糟糕的是，開頭也提到的第三種案例。

在傳達提問者想知道的事實之前，就先說明主觀看法的人，很難建立雙方的互信關係，甚至極有可能在當下就被認定是能力不足的人。在講解時，必須先在心中劃分清楚事實與個人見解的界線，絕不能混淆。

在多數情況下，工作上的任何決定，必須仰賴客觀事實判斷，要在充分了解確切情況後，才能分析、決斷。在共享「對方尚未確定是否續約」這項事實之後，才能繼續推進話題。假如略過這個步驟，直接談個人見解，就會被認定是個容易誤導人的未爆彈，嚴重影響雙方的信賴關係。依不同場合，有些人甚至會盡量避免將重要工作交辦給這類人。

以第三個例子來說，當下客戶未確定要續約，說明者卻主觀認定「應該沒問題」，這背後有可能已經潛藏著難以覺察的隱憂。

最終，你還是得發表個人見解

希望各位不要誤解，劃清主客觀界線，不等於不用表達個人意見。在許多場合，適度表達看法也很重要，關鍵僅在於能否區分兩者的差異。

舉例來說，在腦力激盪或需要積極提出意見時，即便是主觀見解，能說出獨樹一格意見的人，評價往往遠勝於難以表達自我的人。在共享既有事實之後陳述原因，並同步提出自己的意見，也不失為一種好方法。

在談論個人見解之前，可以先說「這只是我個人的想法……」，或是「這麼說雖然有點主觀……」，聽者才能適時切換立場，了解到「現在說的只是這個人的看法」，如此一來，溝通的過程通常會比較順利，對方也會覺得「這個人區分得蠻清楚的」，進而提升對你的信任度。

情境：被問到打算如何處理自己工作上的失誤。

✕

由衷感謝您的指正，今後必定會嚴加改善。

原因：只有表面上道歉，沒有思考具體該怎麼彌補。

○

這次我體認到自己人員調配的疏失，今後在前一天下班時會再三確認，以防再度發生。

原因：具體說明失誤細節，改善方針也簡潔明瞭。

3

「我下次會改進」，這句話就是在敷衍

在我們生活周遭，意外有不少人會用一些定義模糊的詞彙，例如，「我會接受您的指正，努力『改善』的」、「部長的『反應』很好」、「持續『關注』情況發展」。雙引號內的用法，看似是最常見的說明、情報交換和指示，但每個詞彙的定義都十分模糊。

經常使用這類詞彙的人，不是不了解字義的重要與正確度，就是試圖用模糊字眼矇騙他人。

選不會被解讀錯的詞

解釋時，要盡可能選對方聽了都不會解讀錯誤的詞句，不然可能會產生各種不同的意思。舉例來說，「改善」這個詞，是去修正現有問題，但提升店鋪的營業額跟降低成本、增加員工的幸福感與顧客滿意度，兩者都是改善，如果只單講這個詞，對方就不清楚你具體要做什麼。你得明確提到「在什麼時候之前，改變哪些範圍」，不然就跟隨口說說「我會好好努力」、「今後會小心」一樣。

你要先意識到「必須達到什麼目標，對方才會覺得有所改善」，再透過「實際上要怎麼做、執行到什麼程度」，或「怎麼做才能避免再度發生類似狀況」來詳細解說，否則等於沒講。

「反應」和「感覺」等形容他人態度的詞彙也是如此。對某件事出現什麼樣的反應、產生什麼感覺，每個人都有自己的解讀，因此難以實際定義。常會說到的「觀察」，也必須詳述目標對象、觀察頻率、如何觀察，否則也等於白說。

有確切的定義，才能避免任人蒙混，這點與「說明數據資料」（第六十四頁）的訣竅有異曲同工之妙，可以同步對照後面提及的內容。

講行話或外語，只會讓人無語

盡量避免穿插英文和行話，應該用所有人都能聽得懂的詞句。以人們普遍的感受來說，沒有經過任何說明，就使用對方不熟悉的詞句，還自認對方可以完全理解，這種心態十分失禮，也容易使雙方產生不必要的隔閡。

此外，如果常聽到自己無法理解的詞句，就會認定這個話題與自己無關，導致難以接收到其中的重要資訊。

最糟糕的是那種經常撂英文或行話，試圖以此凸顯自我價值的人。說得極端一點，就是會因此心生優越感，以及藉此虛張聲勢的人，但這樣只會自貶身價，產生反效果。

常使用流行外語或行話的人，容易被周遭認定成狂妄無禮、思維不夠嚴謹、不太擅長解說，假如講了太多行話而讓對方感到煩躁，那就得不償失了。更不妙的是，假設對方精通外語，或是比自己還要熟悉那個專業領域，便會彰顯自己的膚淺無知，還要面臨失敗的風險。

情境：被部長問：「之前那個專案，進行得怎麼樣了？」

✕

托您的福，目前還算順利！

原因：沒有數據依憑，無法評定現況，對方難以認同這種說法。

○

目前已經進行到大約三〇%左右了！

原因：用數據清楚表達進度，對方馬上就能判斷是否順利。

4

「目前進度三〇％。」拉近雙方期待

在和對方講解，特別是敘述原因時，盡量用數據佐證會比較容易得到對方認同。

以前述的例子來說，說明專案進度時，「目前還算順利」是指到什麼程度？「順利」又是以什麼為基準判斷得出？另一方面，用「目前進行到三〇％」就比較精準。

在聽到這個數據時，聽者也能藉此判斷現況，並給予相對應的指示。可能原本對方還想「不知道有沒有進展到二〇％」，聽完後發現「竟然還蠻順利的！」就會爽快說：「假如沒問題的話，後續就交給你了！」相反的，假如對方原本設想進度大概會到一半，在聽到回報時就會擔心是否出了問題，繼續要求你說明詳細狀況。

主管須擔風險，所以要拿證據說話

在回答「目前還算順利！」時，不僅會被對方視作沒辦法用數據溝通、工作效率低的員工，還會被認為無法確實掌握工作內容、行事隨便。

還算順利跟相當、特別、還好這類詞彙，自己跟他人的認知範圍可能差距很大，但對所有人來說，三〇％就是三〇％。詞彙上的定義比你想像中來得重要，也會直接影響對方能否理解內容。

經常用數據佐證的人，習慣活用它來掌握工作內容，這種行為本身也會幫助自己成長。

在說明自己的意見，或者需要得到他人認可時，利用數據佐證，往往可以發揮絕佳效果。「我認為這個案子可行，請您批准！」以為這樣說就能得到對方允許，就跟魯莽主張「我的看法是對的！我對自己的想法有絕對的信心，所以趕快批准！」一樣。

假如已經做出各種成績，在公司內部也累積了一定的人脈和好評，具有專業品味、靈感等能力的話，倒還有討論空間，但若在說明中無法提出任何數據資料，就想輕鬆獲得主管認可，幾乎是不可能的任務。畢竟批准企劃案的主管及整體企業，都必須承擔後續風險。

使用數據的重點在於，確保內容的正確度及客觀性，換個說法就是：「不是只有我覺得正確，資料上也這麼顯示」、「以普遍觀點看來，我的說明具備合理的依據」，如此自然比較有說服力。

若是找了相關資料但不太有用，則可以考慮詢問周遭人的建議，他們或許會提供你一些方向：「先找找這類資料如何？」、「先前我也看過這種分析手法。」

情境：被前輩問：「之前那個新專案，你覺得怎麼樣？」

×

目前缺乏相關資料，假如給我一些時間，可以詳細調查看看，但應該會蠻花時間。

原因：無法充分活用假設性思考、無法鎖定尋找範圍，欠缺效率。

○

雖然沒有直接相關資料，但透過有相同目標對象的××資料來看，我覺得有可行性。

原因：分析相關資料假設，再透過實際驗證，確保效率及品質。

5 沒有前例的事，怎麼說對方才能懂？

很多時候你也不是要偷懶，但就是很難找到相關數據資料。這種時候，假設性思考會是你的好夥伴。只不過，解說難度也會略微提升。

基本上，說明時應盡可能運用數據資料，但也不是每次都有適合的可以用，當遭遇新的類別、領域，或是面對毫無前例的新項目時更是如此。要展開新的調查，並獲取相關資料，往往需要花費大量時間及成本。

新項目可能潛藏著前所未見的驚人商機，但由於資料不足，難以充分說明其中內容，但只要能跨越這道高牆，就可能脫穎而出。

這裡簡單說明假設性思考的定義：當沒有適合的資料佐證時，先提出

「透過分析資料A、資料B、資料C的結果，D假設應該能成立」。

缺乏相關資料，就無法推進工作，行動也容易過度保守、被動。為了比對手早一步掌握新商機，適時透過假設性思考，能有效提升效率及品質。工作的重點在於，在時限內盡可能做出高品質，因此不習慣假設的人，容易給人缺乏行動力、做事拖拉，或易魯莽行事、欠缺效率的印象。

幫朋友挑禮物，就是假設性思考

假設性思考就是以其他資料為論點，透過反覆驗證，再進一步歸納出結論。乍看過程有些繁瑣，但其實是生活中十分常見的一種思考方式。

例如幾個人聚在一起幫朋友挑選生日禮物時，一定會討論預算、選擇要送的禮物，為了製造驚喜，所以不能直接問對方：「你最近有什麼想要的東西？」

這種時候，過去各種情報就可以成為假設的依據，「喜歡皮製品」、「常用某品牌的小配件」、「沒看過他拿手提包」、「常穿深棕色的鞋子」，透過這四點，可以假設出適合送給對方的禮物：「買個他喜歡的那個品牌的皮製手提包，顏色可以選棕色系。」

這樣思考除了能提升效率，某種程度上也會十分接近正確答案。況且只是假設，就算弄錯也不會有太大問題，而且透過實際驗證，還可以提升準確度。

在初步訂立假設之後，再透過細節觀察來修正，「最近他好像比較喜歡其他牌子」，或是「放假時他好像不太拿手提包，通常會背背包」等，就會更加接近正確答案。這個方法的訣竅在於觀察周遭的人事物，並與自己所知的事實連結，藉此獲得新想法。

驗證的過程也很重要，要盡可能朝數據化及定性（按：透過觀察與分析實驗，探討研究對象是否具有特種屬性或特徵，以及他們之間是否有關連性等）這兩個面向來操作。

若是與驗證結果不符，也沒必要太執著。如果過度拘泥於假設出來的想法，很可能就會將錯誤假設當成對的，並試圖找出佐證資料。這樣一來，就會與原意背道而馳。為訂立良好的假設，各位務必審慎計畫必要的流程。

情境：想約人去美食網站上刊載的高人氣拉麵店吃午餐。

✕

因為這間很有人氣，可能要等很久，但好像很好吃，一起去嗎？

原因：缺乏數據資料及假設性思考，對方很可能不會赴約。

○

我知道一家好吃到要排隊的店，這個時間去應該只要等五分鐘！

原因：雖然沒有數據及假設，但透過具體事例、經驗談，容易讓對方答應。

6 你的經驗，比理論更有說服力

只要能活用數據資料和假設性思考，通常就十分具有說服力了。如果再加上實例，除了輔助說明，同時也能強化內容，讓對方聽了比較能接受。不能單以非量化實例作為說明主軸，但也並非要完全排除非量化的相關資訊。

所謂非量化的說明，就是指具體案例和經驗談。在提出數據之後，利用「也就是說……」、「例如……」、「以我的經驗來看……」作為開頭，能達到補充、強化說明的效果，讓內容更加簡明易懂。

前面提到的拉麵店例子，其實也是我在約人去我長年光顧的店家時，會用上的一點小技巧。

經驗談有時也能成為根據

日本福岡有一家我從國、高中時就常去的拉麵店，是一家超人氣名店。就算到了現在，每次回老家我還是會特地去吃。

有時候剛好在那間店附近跟認識的人約喝酒，如果之後我很想去吃那家拉麵，但決定權又不在我身上的時候，就必須說服別人「為什麼要去那家店」。

假如說明的對象喝完酒後也想吃拉麵，那就要接著解釋「為什麼選那家店」，這時要是能搬出凸顯美味程度的數據資料，例如美食網站上的分數，對方可能就會答應。

當對方稍微被打動之後，就可以乘勝追擊，舉出自己光顧多年的具體事例、經驗，說服力瞬間飆升，「跟其他拉麵店不一樣，這家在喝完酒後吃上一碗，就是特別帶勁！」這段話雖然只是我主觀的心得，即便如此，對方若是能稍微想像喝完酒之後那種微醺狀態，考量到想吃些好吃的東西早點醒酒，就可以有效促使對方同意，讓經驗談與心得發揮最大效益。

再讓我們代入另一種不同的情境。平日下午想約另一個人去吃午餐時，雖然自己主動推薦有多好吃，也拿出網站評價當依據，對方卻表示：「既然是名店，這個時間一定很多人，會不會要等很久？」此時你必須提出有力的說明，以消除對方的擔憂。

假如是上班族，午餐時間畢竟有限，前往店家需要花上一段時間，要是到了才發現必須等三十分鐘才能入座，豈不白白浪費了難得的休息時間，更慘的是，回到公司可能都超過午休時間了。

這時我會再主動提自己的經驗：「據我所知，只要過了下午一點半，現場排隊的頂多剩下兩、三個人，應該再等個五分鐘就差不多了。」對方或許就會同意：「那就先去現場看看狀況吧。」

假設你想邀約從外地前來觀光的人，但他不一定要吃拉麵，只是想吃些當地美食的話，說明方向又不一樣了。這種情況下，從一般話題切入，逐漸帶入具體描述的方法，往往獨具成效。

例如，福岡當地有哪些特產品？對當地人來說，拉麵這項美食有什麼意義？其中「博多拉麵」與「長濱拉麵」又差在哪？以及歷史沿革、點餐訣竅、吃法和有趣的特色等，盡可能具體說明，通常會比單純拿出美食網站的分數要來得有吸引力多了。

具體案例和經驗談，要配合對象及不同狀況臨場發揮，才能有效加強說服力。

CHAPTER

3

不要擔心講太少，長話更要短短說

情境：客戶方A公司的部長突然打了通電話來。

×

課長，剛才A公司突然來電，而且是B部長親自打來，他氣得大吼：「這已經不是第一次了！」三年前似乎也有發生類似失誤，聽說到現在都還沒解決……。

原因：提供片段事實，時間順序又表達不明確，聽者難以理解重點。

○

這邊有件急事想找課長商量，剛才A公司的B部長來了通抗議電話，說希望由課長出面解決，這次的狀況似乎不太好處理……。

原因：重點在於商量，並簡略成抗議事件，對方較能迅速理解狀況。

1 跟寫郵件一樣，先做重點摘要

不擅長說明的人，不一定是內容有問題，只不過搞錯了說話順序，讓聽者抓不到其中內容，進而難以理解重點，就會讓人覺得「講起話來拖拖拉拉」、「聽不懂這個人到底想表達什麼」。說話的基本架構，就是由說明方將情報傳遞給聽者，依據不同情況，內容可能會十分具體、詳盡，甚至資訊量龐大。

無論情況再怎麼緊急，像前面例子那樣，**直接從現場的具體狀況切入，對方只會一頭霧水**，短時間內無法釐清立場及重要性。

這時想順利推進，就在於遵守從**抽象到具體**的流程。抽象轉換成具體，再返回抽象，透過這樣來回往返，提升說明力及思考應變能力。

說明就像寫郵件，從抽象概要到具體結論

具體怎麼做，用郵件格式當例子會比較容易理解。

若必須解釋較長且複雜的具體內容，就要先掌握整體，並區分出段落，定出各大段標題，郵件主旨也要能涵蓋整體內文，假如內容真的很長，不妨先在開頭寫出重點摘要。

就像報警或火災救援時，電話那一端會先問：「是要報案還是現場事故？」、「是火災還是需要救援？」通常打電話的那方都比較緊張，很可能就現場情形開始零碎說明，對方為了盡快掌握現場概況，才會一開始就詢問事實情報，再迅速判斷需要採取什麼行動。

日常生活中也是同樣道理，優先共享現場的說明主題：開頭該說什

麼，接下來要說的內容，最後整理出的結論……在具體說明之前，先整理出較抽象的概要，聽者也會比較容易進入狀況。

事實上，這套流程還能有效鍛鍊職場實力。

整理情報、定出標題的思考過程，會訓練我們從各種具體要素中，找出共同重點及既有概念，在工作上也容易找出新發現。

以開發新商品及服務為例。一開始都會覺得十分抽象，而在蒐集各種資料的過程中，會發現A在零售店的銷售成績最佳；B擁有最高的網路討論聲量；C節目收視率領先群雄；D書籍登上暢銷書排行榜；自家公司E商品的訂單，近來有逐漸增加的趨勢……這類橫跨不同領域的具體情報。

接下來再將掌握到的具體情報抽象化，就能發現目前市場的潮流走向，最後再參考這個結果，思考出具體的開發策略。運用這套抽象、具體、抽象的流程，便能歸納出可行性高的假設，大幅提升成功機率，最終拉開與競爭對手間的差距。

抽象到具體，就像激發靈感的過程，即便能透過蒐集情報獲得相關資訊，範圍及數量也有限。這時你可以精簡目標，從「不知道〇〇怎麼樣？」的方向去尋找主題，這也是蒐集情報的重要技巧。

具體到抽象，比抽象到具體的難度還高。要鍛鍊抽象思考的能力，可以多嘗試綜藝節目中的猜謎問答環節。猜謎問答會隨機出題，必須從乍看毫不相干的兩個詞彙中找出共同點。平常務必透過這種簡單的問答來培養抽象思考的能力。

情境：向主管報告今天現場發生的狀況。

✕

今天我去了趟現場，時間上有點趕，所以我叫了計程車。現場工作氣氛融洽，但A負責人看起來心情不好，於是我向他確認進度……。

原因：沒有考慮到資訊的輕重程度，而且遲遲沒有進入主題。

○

今天我去了趟現場，A負責人找我商量預估工期，以現況來看，最少要延兩週左右。

原因：先傳達最重要的情報，並用一分鐘的時間簡單報告。

2 一分鐘內把話說完

被別人覺得講話沒重點的其中一個原因，在於內容太多，講太久。要花多少時間才適當，取決於對象及內容。假如是跟交情不錯的朋友，或是男女朋友之間的閒聊，那從討論重要大事，到彼此都知道的小事，想到什麼就講什麼，要說多久都沒問題，但職場上不允許這種狀況。

有時工作多到堆積如山，必須快速下判斷時，聽到有人把報告內容從一說到十，完全沒有在管你有沒有空，當然會不自覺惱火：「講快一點！」即使沒有真的說出口，心裡也會碎碎念：「這人廢話真多，可以快點說完嗎？」**長話短說，是職場上堅不可摧的原則**。

具體要多短？大部分情況下，控制在一分鐘內即可。可是要怎樣才能在一分鐘內表達完呢？

有多少事應該優先告訴對方？

說話總是得花上不少時間的人，是因為他們想把知道的內容全部告訴對方。會這麼做可能是因為不知道、不想去思考哪些部分最重要，或是以為必須完整傳達所知的內容。

前者可以透過閱讀本書，掌握要優先說明的重點；後者則必須捨棄把知道的內容全部告訴對方的想法。雖然只挑重點講，對方有可能會要求「再講得詳細一點」，或是「把你知道的全告訴我」，但假如對方沒有提，就沒有必要太過執著告知全部內容。

那麼，十成的內容當中，有幾成應該優先向對方說明？假如對象是直屬主管，要提到的比重可能會比想像中要來得低。為什麼？因為平常雙方就已經共享大部分情報，要傳達的部分就只有新發生的狀況，以及自己知道，主管卻不知道的事。依狀況不同，大約抓十成之中的一、兩成即可。以開頭的報告為例，搭計程車前往現場，以及工作氣氛之類的資訊，主管雖然不知情，但都沒有必要提。

不需要擔心自己講得太少

你看了可能會擔憂：「只能說一分鐘，真的不會太短嗎？」、「直接跳過前情提要也沒問題嗎？」假如對方覺得不夠，就會主動提問。換言之，你會發現對方提問的地方，就是他最在意的點，所以只須針對此部分描述細節，耗時自然少。

情境：被別人問到內容提到的相關資料。

✕

那是……我會調查清楚，之後再向您報告。

原因：無法即時回答，降低聽者對說明者及內容的信任度。

〇

這是二〇二〇年的資料，有受到新冠疫情影響。

原因：即時回答對方的問題，提升聽者對說明者及內容的信任度。

3 事先推測他想問什麼？

簡短的說明方式足以應付多數場合，不過在開會及提案現場，很常被進一步詢問詳細內容。這時若能回答出對方想知道的資訊，肯定能提升個人評價，可以的話，最好在現場就即時回答。

對方會提出什麼問題？對哪些內容特別感興趣？想了解哪些細節？對什麼會有疑問？這都取決於對方當下的想法，要完美應對的確不容易。

不過，在逐漸習慣之後，在一開始設計架構時，多少能想像聽者會提出什麼問題；反過來說，在還不習慣時，思考「要是這樣說明，聽者會有什麼反應？」也能強化能力。

職場上，這類狀況通常發生在面對直屬主管時，所以可以先想像主管可能會有的反應，並掌握先機（提前準備）。

準備報告時，把自己當聽眾

我們不知道對方聽完說明後會有什麼樣的反應，或許會提出意見、質疑、同意、反對等，但只要有好好傳達事項，也能一定程度預測對方的反應，便得以預先準備好答案。

假設被問到：「這樣的說法有什麼依據嗎？」就可以立刻拿出相關表格和數據回答：「主要根據這些資料。」要是對方繼續追問：「資料是從哪裡來的？」就回說：「這是二〇二〇年的資料，主要是由〇〇調查得來。」在準備時就預測對方可能會有的反應，就可以不疾不徐的回答。

準備完後也務必想像一下，別人在聽完之後會有什麼疑問？如果是第一次碰面的對象，準備工作可能比較繁瑣，不過假如是經常要向他報告的人，例如直屬主管，隨著關係熟稔起來，也可以大致掌握對方心中所想，較容易掌握話題走向。例如，一定得事先確認分析資料的方式；對方常會主動詢問靈感來源、特別重視你的自信與熱忱；跟營業額相比，更關心成本；很在意特定人士的反應和動向……在蒐集到這些情報之後，就能對主管感興趣的部分，提供精準度更高、更詳盡的資訊。

重複這樣的過程，不僅能提升應變能力，整體品質也會跟著大躍進。只要提升說明技術，也可以適時反過來利用這個狀況，就像放上釣餌，等待魚兒上鉤一樣，在不經意間，刻意創造讓對方詢問的空間。這類進階級的技巧，我會在第五章詳述。

情境：仔細說明過的工作項目，對方卻還是搞錯了。

✕

我不是之前才仔細講過？你沒有確認嗎？我這邊還有當時的資料耶。

原因：具體指出對方的錯誤，並且追究到底。

〇

我記得之前有仔細說過，是我說的不太清楚嗎？為了再發生類似狀況，之後如果我有講不清楚的地方，直接告訴我。

原因：雖然指出錯誤，但不過度追究，並積極提出解決方案。

4

老想把人辯倒！人人都想遠離你

在電視、網路上常看到這種具煽動效果的言論：「好，辯倒你了！」主要用於雙方辯論時，當對方出現巨大的理論失誤，或是為了營造對方失誤的氛圍時，而在言語上展開的致命一擊。

在職場上絕對不能用這種說話方式，即使對方真的出現嚴重失誤也一樣，在商場上溝通，就算雙方都採取辯論姿態，但也沒有必要一較高下，更何況，想利用辯倒人來取得優勢，這個觀點本身非常危險。

過度表露自己的情緒，或是不必要的刺激對方，會同時降低雙方的工作效率，被辯倒的那方也會降低對你的信賴，從此不想跟你一起工作。

請你務必熟記職場上的一個重要原則：避免太過感情用事。

職場上沒有正確答案

人都有自尊，在講解時流於感情用事，或是遭到對方挑釁都在所難免，這時又要怎麼樣抑制住自己的衝動？

首先，你得知道一項原則：職場上沒有正確答案。

你可能會疑惑，假如沒有正確答案，應該就不會被主管批評不擅長說明。但是，批評說明的順序和方法，跟你講的內容是否正確是兩件事。主管提出你不善於說明，可能是在暗示：「你這樣講，我更容易懂。」

有人願意耗費大把時間，將這項事實告訴你，你絕對不能認為：「只有你聽不懂，是你理解力不夠。」畢竟如果說話者是善於傳達事情的人，即便是小學生也能聽懂他說什麼。如果有人聽不懂你在講什麼，就表示你一定有可以調整、學習的地方。批評使人進步，你可以藉此磨練、提升自己的能力。

同樣的，假使對方在講解時出現失誤，或是在聽過己方的內容後，採取了不恰當的反應，也不要過分追究，甚至損及對方名譽。況且，你還能因此獲得重要提示，例如「為什麼對方會誤解？」、「我剛剛的表現，是不是哪裡容易被誤會？」

學習表達，是為了一起創造價值

這邊我要再提到另一項重點。

學習說明法，是為了讓自己與他人一同在工作上創造新價值，要是彼此在過程中發生衝突、爭吵不休，甚至互相輕視的話，結果會怎麼樣？別談創造價值了，簡直就等於親手毀掉工作。

無論公司內外，每個人都有自己的任務、職責、擅長與不擅長的領域，經驗與見識各有不同，也正因為這樣的差異，才有機會分工合作。正確傳達內容，是連繫雙方，使兩者產生強烈共鳴的能力。

假如真有閒工夫辯倒對方，倒不如多加磨練技能，並以此借助他人的力量，完成豐功偉業。

情境：講到一半，對方偏離主旨：「這份資料做得真好，是用哪個軟體？請您教教我們的員工！」

✕

這是○○公司剛推出，叫做××的新工具……。

原因：講到一半，不知不覺偏離重點，開始談論文書軟體。

○

之後我會寄相關資料給△△。有關這次的議題……。

原因：不正面否定對方，婉轉的把話題拉回原本的內容。

5 對方開始離題？怎麼拉回

在開始講解之後，很多人表示會在中途慢慢偏離主題。這不見得是說明者單方面的責任，有時也會像前述例子那樣，是聽者偏離重點。

一旦有某一方偏離主旨，另一方就會產生強烈的心理壓力，例如，無論花多少時間來說明，都沒辦法取得共識；話題不斷來回，平白浪費了寶貴時間。

「所以，我們現在到底要談什麼？」、「何必特地花時間討論這些事……。」當對方這樣想的時候，就代表解說失敗。其實，只要在開始前多加一個步驟，就能很大機率避免發生這類事。

一開始點出主題，偏題也能拉回

直接在開場白提到：「今天為了取得○○許可，在此向您說明。」、「我剛才去拜訪過××公司了，想就目前狀況及未來相關風險的部分，跟您商量一下……。」這等於是主動和對方共享接下來的主題。明確表達內容將圍繞哪些主旨來進行，是要確認事項、報告、商談還是提案。

這不是什麼特別的技巧，但你會發現，只要在開頭多加這句話，就能有效強調並共享話題，這個步驟對雙方都有好處。

以說明者的角度來說，可能會想一開始就切入重點，但中途難免會改變話題，假如沒有時刻提醒自己，則會因為緊張、焦慮，而來不及導回，或是錯過總結的時機，在開頭就明確點出主題，能有效提醒自己。

如果還不習慣各種說明技巧時，也可以事先寫一張便條紙，並貼在最醒目的地方，當發生突發狀況時，就可以提點自己。

不過，總是會有偏題的時候。舉例來說，原本開會要討論開發新客戶的議題，同事卻開始抱怨起最近的狀況，甚至不客氣的互相批評，或是從某人的玩笑話或閒聊中，話題就開始往無法控制的方向發展。

這時，你可以抓準時機，主動向在場的人確認：「話說回來，今天我們原本是要談什麼啊？」只是考慮到對方的心情，假使真的離題了，也不要試圖馬上拉回正題，先傾聽、附和，再伺機開口會比較恰當。

CHAPTER

4

簡單講，比你以為的困難

情境：向初次選購電腦的客戶推銷桌上型電腦。

✕

您是第一次選購桌上型電腦吧？這是最近的超值商品，CPU、記憶體大小都不錯，處理速度也夠快，可以提供您穩定的作業環境。

原因：完全沒考慮對方能否理解，以及確切想知道的情報。

○

您是第一次挑選桌上型電腦吧？您是要做什麼？假如是編輯影片，建議可以選作業空間充足、記憶體較大的規格。

原因：先了解對方的期望，並提供資訊，對方更容易買單。

1

先了解對方的程度與期望

你的說明對象通常不會是同一個人，有些人可能很熟悉你要講的領域，或是已經掌握某種程度的資訊；有些人則可能完全不了解。不管對象是誰，都應該先掌握對方想知道什麼。所以，假如對方對該領域不熟悉，就要盡可能邊說明邊確認；如果是面對熟悉該領域的人，就得努力蒐集相關情報，假如能精準針對對方需求解說，表示你的能力有了大幅成長。

為求掌握對方的需求，你要知道的不僅限於對方的地位、職務、權限等外部情報，還要了解對方的程度以及期望值，因為這些資訊，會影響你的內容及表達方式。

最多提供兩成新情報

我們會用一個人的程度，推測他的知識高低，這樣看起來好像有點自以為是，但換種說法，就是對方對接下來內容的理解度。

我們拿一個比較極端的例子來比喻。當你需要解釋自家公司提供的專業服務及商品時：

- 對象是需要在第一線面對客戶的負責人。
- 對象是自己的主管或前輩。

這兩者對事情的理解度一定不同。

細分之下，有長年交情的負責人，跟剛從其他部門轉調過來，或者剛出社會的新負責人之間，理解度也有相當大的差異，主管與前輩熟悉的領域也不同，重點在於事先掌握這些資訊。

了解對方的程度之後，就要盡量在這個理解範圍內進行。面對程度較低的對象，避免使用專業術語，須簡單易懂傳達。假如對方可能不太容易理解，就要事先準備貼心解說；如果對方很熟悉相關領域，則就不必。

但是無論哪一方，我認為**提供給對方的新情報，大概控制在兩成左右**即可，這是我從過去的經驗，以及參考別人的方式後所得到的心得。在全部內容當中，只要新資訊超過兩成，聽取方會較容易疲倦，也會逐漸失去耐心。

想滿足對方，先掌握他的期望

期望值，就是對方希望了解什麼，或是能從談話中得到什麼益處。這裡我也舉個簡單的例子說明。

假如對方說「我想去超商」的話，你該怎麼回覆？根據對方的期望，大致上能區分成兩種情況。

一種是對方想知道超商的所在位置，這種情況可以給他看地圖，找到最短途徑；另一種是「想去超商買東西或辦事」。假如對方需要電池，或許也不用特地跑去超商，把自己的給他就好；如果是想影印資料，可能有比超商印得更快又便宜的影印店；或是對方需要的東西只有A超商有賣，在最近的B超商找不到。

事先掌握對方的期望值，並共享既有情報，才能有效提升說明品質及對方滿意度。

情境：介紹自家公司的業務內容。

✕

本公司主要負責金融機構的基礎系統，包括宏觀設計的顧問服務、各大系統整合的專案管理，以及核心競爭力分析，在這當中，我主要擔任的項目是……。

原因：說明者想充分展現專業及知識量，結果介紹的太複雜。

○

本公司的主要業務在於架設、管理各大金融機構的電腦系統。

原因：內容雖然過於直白，但誰都聽得懂，會讓人對你有好印象。

2

要講到連國中生都能聽懂

對初次見面的對象傳達事情時，自然無從掌握對方的相關資訊，而且許多時候，根本沒有提前安排好會面行程。例如，突然被介紹認識，或是在參加活動或派對時聊到……但這些人很可能成為工作上的合作對象。

在無法掌握對方資訊的情況下，建議先從較簡單的內容開始切入。在講解時，盡量使用連國中生都聽得懂的用詞，因為你不知道對方是誰，有什麼樣的背景、資歷及目的，也無從掌握對方程度與期望值，若不小心提及過多專業詞彙，可能會有風險。

你可以試著站在對方的角度思考看看。

在完全沒見過面，也無法獲得相關資訊的情況下，對對方來說，自己也是「初次見面的對象」，就算透過第三方了解基本資訊，但也沒有正式跟你本人接觸過。在這種狀況下，最應該避免給對方一種「我好像不太擅長跟這個人相處」的印象。

在雙方對彼此的印象完全是一張白紙的階段，一旦覺得對方很討厭或是很難相處，之後無論說得多詳盡，對方都容易心生防備、暗自質疑。相對的，只要讓對方覺得「這個人真體貼，也很有禮貌」，即使說得不夠好，也能用印象分去彌補，或是偶爾出現一、兩次錯誤，對方也不會太過追究。

在這種情況下，你可以用最簡單的方式來傳達。聽到簡單易懂的說明，很少人會覺得自己被對方當成笨蛋，大部分的人會認為，他這樣講解真好、真貼心。假如對方程度較高，那麼在留下好的第一印象之餘，他也會主動提問，並使用較專業的詞彙，進一步表達自己想聽的內容，之後你再調整難度也不遲。

簡單講才困難

我認為，比起講得很難，要提供貼心的講解更為困難。

向直屬主管說明一件事的時候，沒有必要主動壓低內容的難度或程度，因為主管的知識和經驗比自己豐富，也有足夠的專業度，所以自己知道的內容，對方也一定懂，你只需要專注在如何提升效率，例如減少說明時間、精簡內容。

但是，想提供貼心的說明，就需要多花費心思微調。透過試投各種不同的變化球，觀察對方的程度，以及可以理解和難以搞懂的範圍，依不同情況活用比喻與經驗，用心取得對方的理解。

絕對不能認為對方不如自己，也要避免令對方聽不懂，甚至直接放棄

聽你說話。這表示想提供貼近對方程度的說明，會比想像中要來得困難，
無論是熱忱或心思，都必須站在對方的角度才行。

情境：完全沒有概念的人問你什麼是訂閱制。

×

就是在一定期間，支付一定金額，以持續使用商品或服務的一種商業模式。

原因：說法沒錯但未經修飾，聽者可能會覺得有些難懂。

○

簡單來說，就像是燒肉吃到飽一樣，每個月除了飲食外，還有流行時尚和音樂等各種服務。

原因：用誰都聽得懂的方式比喻，對方也較容易掌握重點。

3 用生活中的例子比喻

第二章提到，「盡量避免提及外語和專業術語，要用所有人都能聽懂的詞句」，能否考量到對方的程度，是提升說明技術的一大關鍵。

一般來說，這種狀況會出現在說明者是專家，聽者是初學者、無經驗者。這時的重點在於，以對方能理解的程度來說明。由於用詞及表達方式有限，所以須留意避免使用對方不懂的詞彙。假如在過程中用了艱澀難懂的詞，很可能會為對方帶來不必要的壓力。

既然簡單易懂的說明，誰都能輕鬆理解，為什麼還是有人動不動就提到一些專業術語或講英文？

講話很難懂，不代表你很厲害

我想，有些人會這樣做，可能是不想被他人責備、不願意別人踏進自己的領域、不希望發生對自己不利的狀況，所以想以知識程度壓制對方，說穿了，就是在缺乏自信下所衍生出的行為。

另一種可能只是單純自我感覺良好。在言談間積極使用一些專業術語、暢談業界小道消息，或是賣弄一般人不熟悉的知識，這類人會因此得意洋洋。只不過，大多數人遇到這種狀況，不僅不會覺得他們很厲害，反而會暗自心想「這個人好像很難溝通」。

我的話，應該會直接認為這個人好像不太擅長表達事情。因為講得很複雜，既無法明確傳達內容，也難以滿足對方需求。

不過，如果是在某個業界內，或是某家企業中，就可以盡量使用專業術語，畢竟對同行說明時需要考量效率，但在對外講解時，就必須立即切換模式。

如何配合對方的程度？用比喻

配合對方的程度，說得更仔細點，就是用對方理解範圍的詞彙來傳達。我們這裡能活用到兩種不同技巧。

首先是主動提出貼近對方程度的比喻。

先假設自己是一名足球選手，對方則是棒球選手。你在解說足球賽時，大量使用足球的專業用語自然沒什麼難度，但容易受限於對方具備多少足球知識，很難講得很全面。

當賽事發生難以解釋的狀況時，你就能運用比喻，只要說：「以棒球來比喻的話，就是像○○一樣。」只要對方知道那個棒球術語，就能立刻理解發生了什麼事。不過，這種說法僅限於負責說明的一方也懂棒球的相關知識。

另一種則是**用誰都知道的情報比喻**。

例如，「評定智商（IQ）的方式，簡單來說跟日本考試的偏差值一樣」，或是像本書開頭所舉的例子，「訂閱制就是燒肉吃到飽服務」，原本沒有概念的人也能瞬間理解。

正因為是運用一般常識來比喻，對方也能切身感受到你的用心，更加信任你，覺得你真擅長說明。

情境：向客戶推銷高級公寓。

✕

新成屋，現在八千六百萬日圓起，三房一廳，二十一坪，走路到○○站只要五分鐘。

原因：最低限度的介紹房屋規格，較適用於銷售中古屋。

○

隔壁就是能與東京巨蛋匹敵的綠色公園，生活環境悠閒，走路五分鐘就能到達○○站，站前還有二十四小時營業的大型超市，晴天時還能從窗戶遠眺富士山。三房一廳，二十一坪，現在八千六百萬日圓起。

原因：比起規格，先讓客戶想像住後的生活，較適用於販賣新成屋。

4

講到讓對方腦海中有畫面

說明有各種各樣的方法。這次的方式適用於什麼狀況？在思考這個問題時，我通常會將說明，當成是要「交貨」給對方。

基本上跟我先前提到的差不多：**簡潔、俐落、高效率，想好順序再說**。但這步驟也不見得適用所有狀況。像在講解電影內容時，我想應該很少有人會直接切入結論，但是面對忙碌的主管，來一段電影預告般的開場白，他肯定會怒火中燒吧。

同樣一段話，面對不同場合，表現形式也會不一樣。

過去常要求對主管提出的報告、向供應商或客戶的提案等內容，都要集中精簡在一張Ａ４紙上。在有限的範圍內統整出概要，這也是「簡潔、俐落說明」的流程之一。偏好這種方法的人，視情況甚至不願意看超過一張紙以上的資料。

假如買房也用一張Ａ４紙說明

對許多人來說，買房是人生大事，而且很可能是一生中所買過最貴的東西，要是專員只用一張紙向你說明的話，會是怎樣的情況？

「價值約一億日圓的公寓，很可能須支付高額的頭期款和房貸。」假如賣方的說明簡潔俐落，資料又只有一張Ａ４紙大小的話，無論是再優秀的物件，買方都很難下決定吧。

跟主管報告新商品的賣點，以及向大客戶推銷時，表達形式也大不相同。向主管說明時，會著重在商品本身的競爭力及利益、宣傳方法；面對客戶時，重點則放在新商品的開發沿革、其他商品所沒有的吸引力，甚至是促成新商品誕生的企業文化，這些都可能是有力的情報之一。

仔細想想，這類做法也充斥在我們的生活之中。假如結論真的那麼重要，電視廣告的開頭就應該是「這個一定要買！因為……」，但實際上都會由演員或偶像演出一段故事，藉此激發觀眾的想像力，創造多變的內容。

對方是想聽報告還是故事？

要根據對象及目的，選擇最適合的表現方式。方法可以從一張紙到兩百頁的資料，或是以看圖說故事的方式進行。有時寄封郵件就好，有時則必須透過影像、音樂、照明等來進行一場完整簡報。

在分秒必爭的職場上，你用不著花上兩小時補充說明，但對於深深刻劃人生悲歡與醍醐味的電影最終場景，以及需要在企業說明會上爭取投資家以億為單位的出資時，自然不可能只用一張紙的資料就表達完。

要用一張紙的報告，還是多達兩百頁的年度報告書？是十五秒的電視廣告，還是兩個小時的電影？這都要考慮對方偏好什麼樣的方式，以及是否適用於現階段。只要先決定這一點，就能大致掌握整體的說明型態。

在細部表現上也有不同處。是可以只說結論，還是要好好呈現過程？單純透過文字敘述就好，還是要多用圖片和照片？該寫出一整篇文章，還是用條列式？其餘還包括文字大小、排版設計等細節，只要先訂出一個大方向，就能逐步安排。

將自己的說明，當成是要交貨給對方，就能盡量以符合對方需求的表現方式傳達。如果對方能感受到你採用他偏好的理解方法，就會產生一定的認同感，雙方便能有好的開始。

情境：對嚴格的主管進行公司內部簡報。主管說：「你能解釋這個說法有什麼根據嗎？這個資料要交叉比對！這份圖表沒有標示出差距！」

✕

對不起，我馬上修正……。

原因：沒有記下之前被指正的地方，且馬上忘記，導致重複犯錯。

○

這個說法是根據○○。在交叉比對後，我分析過圖表的落差範圍，發現有××傾向。

原因：回想過去蒐集到的情報並事先模擬來檢視、改善缺點。

5

怎麼跟主管報告？把自己當主管

我想對許多人來說，平時經常要向主管報告，也容易因為講得不盡理想，而煩惱自己真的很不擅長說明，甚至被其他人的表現影響。但只要能克敵制勝，透過成功經驗，就能大幅提升你的信心。

假設你為此很煩惱，可以考慮先從提升對主管的說明力開始，這是個高CP值、高效率的選擇。

只要沒有轉調部門、沒有換主管、自己沒有辭掉工作，就算討厭也得頻繁向主管報告，所以你可以將對方設定為優先攻略對象。

當然，每個主管的喜好與攻略重點不一樣，所以最好能事先歸納出他的個人喜好。我會把向主管說明之前的重要技巧，區分成三個階段解說。

三階段技巧，攻略主管

第一個階段是蒐集。為了掌握對方的思考習慣、偏好、性格等，包括過去在報告時發生的細節，或是在會議上、與第三方溝通時的所見所聞，觀察對方獨特的反應，並全部記錄下來。

第二階段是概念化。在第一個階段獲得的情報十分具體，而在這階段要做的是，將具體化作抽象。

歸納蒐集到的情報、解讀主管所具備的特徵，可能會得出對方「重視實際資料」、「對於衝勁與熱忱會給予好評」、「一定會提問題」、「資料偏好圖表或照片等視覺要素」等結果。

最後階段就是飾演。將主管的這些特點記進腦中，並**在腦海裡演練自**

己想怎麼表達，想像主管會對這些內容做出什麼反應，完全站在對方的角度判斷。

在這個階段，整理可能被問到的問題並找出答案。跟一般表格比較起來，圖表的接受度會比較高、稍微提高音調、對方可能會提出什麼問題……透過這些假設問答，就能大幅提升實際水準。

現場報告時，對方的反應就等於是在對答案，對你而言也是珍貴的反饋，這時也別忘了蒐集起來。

這個技巧同樣適用於主管以外的人，而在了解不同人的傾向之後，也能逐漸掌握其中的模式，就比較容易假設「那個人是不是跟〇〇同類型？」迅速判斷出合適的回答。

對主管說明的主要目的，不外乎是報告、聯絡、商談，不過設法獲得許可，也是工作中十分重要的一環。像是預計進行新的挑戰，或是準備進展到下個階段時，所須通過的預算和規章等，都要主管允許，畢竟批准之後，後續發生什麼問題，主管必須扛起責任，所以他會慎重應對。

希望爭取到主管的許可時，重點在於數據資料所呈現出的客觀性。**不能只是自己想，還必須以客觀角度審視之後，再向對方說明，如此才能獲得認同。**

情境：交辦工作給部屬。

✕

你能在下週前做完〇〇資料嗎？主要參考之前的××資料即可。

原因：只告訴對方希望他完成的工作，對方則不會做出更多。

〇

你能在下週前做完〇〇資料嗎？我想用在提升新產品的銷售上。

原因：說清楚目的，可以引導對方發揮你未知的技術，或是提供獨家情報。

6

怎麼跟部屬說明？先解釋目的

主管的能力比部屬優秀，所以部屬只需要依照指示報告即可。但主管面對部屬時，必須向經驗和能力都比自己不足的人說明意圖，並指示對方行動。

也就是說，向部屬說明時，必須適當指點，並激發出部屬的潛能，透過團隊力量，盡可能完成重要的工作項目，引導部屬追求自我成長。因此，用面對上級的做法套在面對部屬上，就很可能發生問題。

告知部屬目的，他會做更多

我在對部屬下指示時，比起內容，我會更著重在目的。

在指示部屬工作內容時，很多人經常會簡單丟下一句：「調查一下這些情報」、「做好這份資料」，但這些任務，原本應該是為了某些目的才需要執行，因此我會先說明目的。

例如，是為了推銷新產品給A企業要用的資料，或是要向幹部提出季度銷售額所需的數據等，因為，即使有告知部屬該怎麼去做，光憑簡單幾句「去做〇〇」，對方即使發揮強大的工作能力，最好的結果也只會是「我依照指示完成〇〇了」，不可能多做其他。

畢竟要是做得更多，必須耗費更多時間，越是聰明的部屬，就會選擇不去做多餘的事。另一種最糟糕的情況是部屬因為害怕被責備，就先回覆你「我知道了」，但其實他根本不知道該怎麼辦，最後拖到期限將近才事跡敗露。

若是能先說明目的，部屬也會有空間去思考：「最近好像有還不錯的新情報可以當作參考」、「只要使用這個新發售的軟體，馬上就能處理好了」，「××主管最近老花眼蠻嚴重的，文字應該可以再放大一點」等，可能會出現一些自己不知道的知識或資訊。

在不同領域或技能上，有時部屬會比自己優秀，這時我會盡可能分派部屬擅長的任務，讓他有發揮能力的機會，並給予正面回應：「是這樣啊！我都不知道呢。那你試試看。」部屬也會因為自己的想法得到認可，覺得自己發揮了專業或知識，就會愉快的開始作業，並拿出更好的表現。

掌握不同部屬其擅長與不擅長的領域，就能有效將適合的任務交辦給部屬，由於會產生更多的溝通機會，也比較能仔細說明任務重點。

CHAPTER

5

共鳴，是這樣創造出來的

情境：讓顧客打從心底想要這個商品。

✕

這副藍光眼鏡已經賣出一萬多副。您要不要試戴看看？

原因：話題缺乏共鳴，對方不想繼續聽你說下去。

○

您也會眼睛疲勞嗎？我平常都戴這副藍光眼鏡，即使長時間盯著電腦螢幕也不太會累。

原因：要是能產生共鳴，對方比較樂意聽下去，也能事半功倍。

1

找出你和對方共同的困擾

透過對聽者的觀察、了解，便能逐漸掌握對方的人格特質、情感表現等特徵。假如對這些情報有一定掌握度，則可以活用在雙方的談話之間，使過程更順利。

前面我也提過，對方願意聽你說，是因為對自己有益。不過有些人會產生一種「我就好好聽他說吧」的體恤心態。

每個人應該都有類似經驗吧，因為想支持對方、覺得對方好可憐、因為他是你朋友、希望他能好好加油……可能會有各式各樣的理由，但都是在情感作用下，覺得自己應該聽對方說話。

假如以利益角度來考量，也可以解釋成「我聽對方說話，就能在情感面上得到益處」。像在百貨公司等地點舉辦的行銷活動，許多人會忍不住駐足觀賞；或是看了電視購物頻道的介紹，莫名其妙就買了原本不想要的東西等，在銷售話術中，常會看到巧妙利用開場白來打動客戶的技巧。

找出雙方的共同點

人的情感會在什麼時刻動搖？在雙方縮短心理距離的時候。只要貼近對方的心理，就很容易得到他的認同。

那該如何營造出這種情境？讓雙方具備共同點，並且產生共鳴。舉例來說，有一位供應商的新進負責人，不熟練的向你介紹他們公司的產品。一般情況下，你可能會覺得派這種新人來的公司實在不太妥當，因此決定減少訂購他們的產品，甚至是直接客訴。可是，在偶然得知那位新進負責人跟你是同鄉，而且還是同所學校的晚輩時，情況就大有不同了。那位負責人在你眼中瞬間變成稚氣未脫、天真可愛的新人，讓你一個不小心就想開口提點，或是希望對方趕快成長到足以獨當一面。

其他像是興趣、喜好相同，或是過去曾有類似的經歷等，只要有共同點或是能產生共鳴的話題，就能瞬間縮短雙方之間的距離。這也表示，只要在一開始（開場白）找出雙方的共同點，對方就會比較容易接受你後續要說的內容。至於怎麼找，可以從興趣、家庭組成、平常關注的資訊等，在閒聊中試探、蒐集各種情報，或是之後再找機會好好了解細節。

主動表露情感，反而能取得信任

還有一種我個人不常使用到的方法——主動顯露平常不太會表現出來的情感。這個技巧也能有效縮短雙方的距離，取得對方信任。

例如，最近你的工作量超出負荷，希望有人幫忙處理，但又沒有正當理由拜託隔壁同事，畢竟對方答應幫忙也不會有好處。在這種情況下，直接表明：「現在因為某些原因，目前狀況有點緊急，可以拜託你幫幫我嗎？」主動坦承自己的狀況，顯露出真實感受，對方或許能對你的情況產生共鳴。只要能打動對方，就能爭取到一些資源，依據不同場合，對方可能也樂於提供協助，也就是所謂的「做人情」。

不過，人與人之間的交易，不太適合去評斷能否獲得利益，很多時候，直接展現自己最真誠的感受，或許才可以建立起超越利益得失的良好關係。

情境：換了一份工作，並在面試新公司時被問到履歷表的內容：「『開發新客戶，成功提升五〇％銷售額』，請問具體做了什麼？」

✕

呃……這個嘛……（糟糕，那都是同事做的）。

原因：當下答不出來或是難以回答，就很有可能被看破手腳。

〇

我第一時間與團隊成員共享情報，並且以提升整體績效為目標……。

原因：想詳細說明的地方，可事先準備好陷阱讓對方問。

2

故意讓對方問問題

前面提過，當你的內容足夠簡潔有力，對方如果有不了解的地方，便會主動提問，這也是一種事先預留提問空間的技巧。

基本上，對方想聽的，會是他最關心的重點，因此只要按照對方的問題，逐一解說即可。但有時候可以反過來利用，**當你希望對方問什麼問題，就事先設下提問的空間來誘導**，就像釣魚時用的餌一樣。

故意預留空間讓對方問，有幾個相當大的好處。

對方提出的問題，有一定程度是你想回答的，而且**讓對方主動問，並立刻做出適當且完整的說明，就能大幅提升認同感、信任度和好評**。能完整回答現場提問的人，會讓對方覺得你真有幾把刷子，還是個能適時回應要求的可造之材。

相同道理，在求職或換工作的面試時，現場自我介紹的內容，會比書面上寫到的應徵動機重要好幾倍。

在字數及規格有限的書面審查中，必定會提到應徵者的背景資料，面試官一定會問履歷表中的內容，在這種情況下，可以事先思考、預測面試官會問什麼問題，也就是這張履歷表，有什麼值得被問的地方？

這邊就是掛上誘餌的階段。假設寫上「當上隊長後，在前年預賽落敗的○○大賽中取得優勝」，面試官自然會問：「你在當上隊長後，採取了什麼做法？」如果在履歷表上提到「我透過開發十家新客戶，成功提升了五〇%的營業額」，對方就會想問：「你是如何打動那些客戶的？有沒有哪些特別辛苦的地方？」拋出誘餌的同時，你也要做好準備，完善應答。

你不希望對方問的，就先早一步回答

不是故意想誘導對方提問，在場也無法提供理想答案時，受到的打擊往往會比想像中來得沉重。

事實上，有些問題確實很難現場講清楚，例如對自己沒有好處的話題、很難回答的內容，或是不值得一提的背景等，這時最佳的應對方式，就是在被問之前，自己先搶答。

要是寫到「我們部門的整體營收提升了三成，並獲得了公司內部獎項」，就有相當高的機率被問：「你在裡面負責哪些工作？」或是「你們用了哪些方法？」等問題。但事實上，當初只是其中一位晚輩幸運負責到大訂單，這時你可以先主動表明：「能有這樣的成績，是因為我有位晚輩獨自爭取到了重要的客戶。」這樣就能暫停對方提問的步調，也將一定程度緩和這類提問可能產生的負面印象。

情境：跟客戶方負責人閒聊聊到職棒話題。

✕

兩分差來到九局下半，兩出局滿壘由○○代打，結果竟然是再見滿貫全壘打。

原因：太平鋪直敘，對方的反應也會比較平淡。

○

兩分差來到九局下半，兩出局滿壘由○○出場代打……結果令人出乎意料！

原因：刻意不提對方感興趣的部分，就能勾起對方的好奇心。

3

有時要刻意跳過重點

留下提問空間技巧的應用範圍極廣，像是讓說明更加淺顯易懂、暖場、炒熱氣氛、在不小心失誤的場合挽回局面，適用於各種不同場合。

這裡我要介紹進階用法——刻意讓對方發現自己不提的部分。重點在於事前演練，並且具備自我管理意識，這樣才能避免表現失常，減少被對方找出漏洞的風險，以追求穩定說明。

若一個人或企業在解說時，總能展現沉著、冷靜的態度，就特別容易獲得他人的信賴。在商業界裡，說明術所能發揮的效果就是如此驚人。

故意不說，凸顯問題

刻意讓對方發現自己跳過不提的技巧，簡單來說是這樣，假設原本說明的順序是「A↓B↓C↓D↓E」，而這個技巧就是故意讓順序變成「A↓B↓C↓E」。

對方很可能會想：「從A、B到C的順序來看，接下來就要說到D了吧。」假如你突然把話題跳到E，對方就會覺得「不是，那個……D是發生什麼事了？中間好像漏掉了什麼……」因而反過來追問。

或是說明成長業績時，長條圖上只有其中一年脫離了逐年上升的趨勢，你卻故意忽略這點，繼續往下說。對方察覺之後，就會主動問：「好像有一年的業績特別低，當年是發生了什麼狀況嗎？」這時你就可以詳盡講解D跟圖表上的凹洞。

各位看到這裡就應該已經發現，原本要說明的重點，其實就是D跟圖表上那一年的凹洞。由於希望能詳細說明，因此刻意凸顯提問空間，好讓對方注意並主動詢問。

為什麼要刻意這麼做？因為跟一般依序講解的過程相比，在接受提問之後，反倒有機會講解得更詳細，時間上也比較不受限。畢竟提問的是對方，無論說得再多再詳細，都是為了讓對方理解，他也會因此比較容易接受內容。由於已經被巧妙的挑起了好奇心，自然會比通篇說明印象更深。

如果對方心裡出現「這是失誤嗎？」的想法時，就會降低原本對說明的期望值，但**要是能完美應答、營造反差，就能讓對方覺得你的內容很出色**。而且，對方自己主動發現、提出問題，在某種意義上比較有親近感，也會更在意，而解說方只要能具體且詳盡講解，必定能大大加分，對方還會深深確信：「這個人，是真的很懂！」

情境：想成功引導對方時的有效說法。

✕

在零利率時代，把再多錢存進銀行也沒有利息。

原因：單純敘述事實，很難吸引對方的注意力。

○

在零利率時代，大家都說把再多錢存進銀行也幾乎沒有利息對不對？不過，應該還是有人會想親眼確認有多少利息吧？

原因：同樣的內容，透過自問自答來吸引對方的注意力。

4

必要時，得自問自答

雖說學到了預留提問空間的技巧，但總是會擔心正式上場時，對方不會輕易上鉤，或是精心安排了提問空間，對方卻沒察覺。

為了避免發生這種狀況，你就要具備能自圓其說的技巧——自己預留的空間，自己來回答。

當對方的反應不如預期、想吸引對方的注意力，或是已經預留提問空間，對方卻遲遲沒開口時，就應即時採取應變措施。

自問自答，爭取對方關注

舉例來說，現在要說明的內容是「A＝B」，假如只是想告知內容，大可簡單向對方表示「A就是B」，但依據不同場合，你不覺得還可以有其他說法嗎？

「A常被形容成B。」
「一般來說，A會被當成B。」
「不少人都覺得A就是B。」

這些都是比較迂迴的說法，上述句型還可以換成：

「A不是常被形容成B嗎？你覺得那是真的嗎？」

「一般來說，A都會被當成B，但最近也有人對此抱有疑惑。」

「不少人對A就是B這件事深信不疑。不過，你有看過能佐證兩者之間因果關係的資料嗎？相關證據是不是意外的少？」

這些講法，都會比平鋪直述更讓人有興趣，也比較能留下印象。在這種句型的後半加入「事實真的是這樣嗎？」就能將話題延伸下去。

「A＝B」越接近常識，就越容易擁有「嗯？確實，一被問到『真的是這樣嗎？』就覺得可能也沒那麼簡單」的想法，進而被引導到接下來要說的事情。

這種方式，也可以活用在提問空間沒有發揮效果的時候。

就像原本的順序是「A→B→C→D→E」，你故意跳過D沒說，卻沒有人對此有反應；長條圖只有其中一年凹了個洞，卻沒人特別問，明明已經充分準備好後面的臺詞了，卻遲遲沒辦法說出來。有時是因為對方的注意力並未集中在內容上，或是現場氣氛或雙方之間的關係並不適合提出問題，也有很多人只是想安靜的聽別人講解。

這種時候，你就得自問自答。「話說回來，剛才介紹到的『A↓B↓C↓E』，有沒有覺得怪怪的地方？」、「我想已經有人察覺到了，仔細看看這張長條圖，只有這一年看起來沒有成長對吧？這是為什麼呢？」說出這些話時，你得等候現場聽者的反應，有些人可能會說：「聽你這麼一說，真的耶！」或許有的人會默默心想：「對啊，我從剛剛就有注意到了。」在得到對方的關注後，再說出原本準備好的臺詞，藉機表現一番。

情境：資料說明到一個段落時。

✕

到這裡各位有什麼問題嗎？（現場無任何反應）沒有的話我就繼續了……。

原因：單純確認觀眾有沒有任何疑問，錯過了發揮的大好時機。

〇

到這裡各位有什麼問題嗎？（現場無任何反應）那我想補充一點，各位不覺得這張長條圖有點奇怪嗎？其實這裡……。

原因：強調重點前先確認，不管有沒有人提出問題，都能詳盡說明。

5

如果聽衆很多，你得準備三種答案

聽者在過程中要是感到不耐煩，對講解者的局勢通常相當不利，因此內容越長，越需要下功夫讓觀眾聽不膩。

積極活用自問自答的技巧，除了能增添變化，也能一定程度提升聽者的認同感。你可以自己主動向對方丟出問題，並給予適度的思考空間，以導向自己事先規畫好的流程。

這裡的重點在於模仿即興演出，說得更複雜一點就是互動性。**不讓對方覺得自己只是單純接收內容，而是營造出對方主動參與話題的氛圍**，這樣做更能提升說明的價值。

問一句「各位有什麼問題嗎？」

對方如果主動提問，就會像前面所說的，咬上你事先準備好的誘餌，另一種做法是，流程進行到一個段落，由你主動邀請聽者提出問題，「到這邊為止，有沒有什麼想知道的地方？還有其他問題嗎？」

多數講者在這時會放慢步調，確認聽眾理解到哪裡，或是充當短暫的休息時間，說些關心體恤聽者的話。這樣當然沒問題，但我會覺得有點可惜，因為短短一句「到這裡各位有什麼問題嗎？」同樣也可以成為為聽者安排思考空間，進一步延續話題的開端。

準備好三種以上的答案

當我向大家提出「到這裡各位有什麼問題嗎？」時，我會預設好可能被問到的問題，並且準備三到五種回答。

當然，我們無從得知對方是否真的會提出，有時現場反而不會有反應，但假如有人問到十分接近自己準備好的題目呢？已經充足準備的部分，你當然就可以侃侃而談了。

對方不會覺得這是刻意安排的橋段。在被問到有沒有問題時，實際提出自己有疑問的地方，結果得到了將近一百分的回答……這樣的發展，肯定會為臺上的人及之後的內容大大加分。

這樣聽起來好像很難，不過只要習慣這樣的說明流程，準備好三到五種答案，應對問題就綽綽有餘了。假如是原本沒預料到，或是根本沒人發問，就可以觀察現場情況，主動引導：「有些人可能會對〇〇這個部分感到疑問……。」並進入自問自答的階段，說出事先準備好的內容。

準備周全後，你在解說的過程中也會覺得「我已經做足了萬全準備，沒有什麼好擔心的」，較能穩定發揮實力。這個技巧就像是護身符，也可以當作偷留一手的暗招。當觀眾沒反應，或是無法按照預定流程進行時，大可不用過度焦急，要相信自己還有很多機會能挽回局面。

先穩定自己的心態，最終才有機會獲得「這個人很擅長說明」、「他的說明真是簡單易懂」、「臺風穩健」等正面評價。

CHAPTER

6

刁鑽客戶也點頭的表達技巧

情境：送禮給重要的人時，如何讓對方更開心。

✕

你今年想要什麼生日禮物？要逛街時順便挑嗎？

原因：不擅長製造驚喜，即使花費大量金錢，也無法感動對方。

○

這是給你的生日禮物！你前陣子不是很想要這個嗎？所以就買了。

原因：平時就有注意對方想要什麼並給予驚喜，對方也會很感動。

1 不要即興發揮，但要準備驚喜

在大批觀眾前推銷或簡報，是展現說明技術的最佳舞臺。

比起作為發表者，我當觀眾的經驗更多，我認為，可以在我心中留下深刻印象或打動人心的**優秀簡報**，**具備兩大共同點**。

首先是**給予觀眾驚喜**。當你對某個簡報抱有期待，實際也超出你預期時，超出期望的部分，就會在心裡留下深刻印象。接著是在簡報中**活用即興感**，這點與上述的驚喜效果有些重疊。

我在本書中提過類似概念，當你按照順序進行時，雖然流程很順利，卻很難給人留下印象，聽在觀眾耳裡就像流水帳，最終很可能淪為一般的說明。簡報也是同樣道理，**當你希望簡報帶給觀眾衝擊時，其中一定會包含「演出」**。

即興發揮是才能，即興感是事前準備

人人都喜歡驚喜，無論是慶祝生日還是送小禮物，當你在對方不知情的情況下偷偷準備禮物，突然給他們一個驚喜，對方都會很高興。

我在思考成功簡報和無趣簡報之間的區別時，發現給予驚喜是非常有效的方法。我們為另一半、戀人或好朋友帶來驚喜的行為，實際上與簡報成功與否息息相關。

相反的，如果你平時就不喜歡驚喜，認為那樣很做作又尷尬，你就要小心了。**在簡報中讓人感到有些做作，反而是好事**，這樣的演出正是我們要認真準備的部分。

當人們被告知即興發揮很重要時，有些人可能會認為他們沒有這種才能而放棄，但這裡所指的即興感，並不等於即興發揮。

基本上，你並不需要對簡報現場發生的事情臨時做反應，倒不如說，在簡報中即興發揮反而是一種風險。這裡的**即興感**是指看似即興發揮，其實是按照劇本走。你必須**事先構想好情節與流程，並按部就班的演出**。

這個方法與我在找工作時發現的訣竅基本上是一樣的。有時我會故意挖坑讓對方吐槽自己，而即興感的技巧與其具有相同概念。

有些人可能會擔心這種事先準備好的即興感會很假，但你想多了。如果簡報沒有獨創性和充足準備，最終將成為平鋪直敘的流水帳。對觀眾來說，即使內容很扎實，但如果很無趣，你也很難成功。簡報中的即興感會給人一種努力的感覺，即使沒有發揮好，也可能會給觀眾帶來努力、認真的好印象。

情境：在業界相關人士集結的發表會上該怎麼說。

✕

本公司的服務優勢是〇〇。透過AI實現業務自動化的重要程度會越來越高。

原因：只強調自家公司的強項，卻忽略了參與者所面臨的問題。

〇

我聽說各位最近對××很困擾，本公司提供的服務能協助各位解決該問題。

原因：提前採訪和調查參加者，讓自家公司的服務更具吸引力。

2 說一個完整的故事

有些人可能認為，簡報需要華麗的演說和機智的互動等技巧，這完全是誤會一場。

我並不是說不用技巧，而是事前準備遠比技巧更重要。事實上，對自己的談話能力越有自信的人越危險，就像我當初找工作時對自己過度自信，沒有事前準備，心態也過於鬆懈，想著「反正當天看現場氣氛臨場發揮就好了」，導致頻繁被刷掉。

簡報的日期、時間、地點、參與者以及內容和目的，幾乎事前就會決定好，要報告的人當然也知道這一點，這就是為什麼發表前必須做好充足準備。如果在開講時讓觀眾覺得「這個人準備得不夠充分」，無論你擁有再好的技巧，都已經確定失去與客戶寶貴的合作機會。

那麼，我們應該如何準備簡報？

你的故事要有重點和邏輯

簡報有固定流程，在決定怎麼進行之前，你必須考慮**聽眾和目的**，**決定簡報的訴求**、**要強調什麼**、**希望聽眾注意什麼**，無論是突破性的技術、看法、成本效益，或是對環境和地方社會的關注等，一旦確定訴求點，就以此為中心建構流程。

首先重要的是，打造一個富有訊息的故事。構成簡報流程有以下三個要素：傳達某種訊息、結論（提案），以及問題陳述和應採納的理由。

簡單的說明雖然足以讓聽眾理解，卻會顯得過於平淡，導致訊息的重要程度被削弱。因此，我會建議**準備一些具體案例、經驗和數據來充實問題陳述和理由，讓內容與資料更具說服力**。

想要簡報有邏輯，各位可以利用金字塔結構建立邏輯思維，在我的著作《駭客大學式最強工作術》中，有詳細介紹此部分，可供各位參考。如果能活用上述方法，就能避免簡報出現遺漏或缺陷，並確保邏輯結構。

四步驟，輕鬆做簡報

簡報中，流程要條理分明，在建立架構時可以直接套用範本。**最通用的架構是：問題陳述→提案→理由→結論**。

問題陳述是點出客戶需要解決什麼問題；提案是提出假設或方案解決問題；理由是提案的原因和自家公司的優勢依據；結論則是簡要重申客戶應該採取的具體措施，以及自家公司將如何從旁協助。

以下舉一個推銷環保新技術的簡報為例，四個步驟如下：

1. 問題陳述：現在不僅是貴公司，大多數企業也面臨提高環保意識的壓力。
2. 提案：本公司開發的新技術，能有效協助貴公司解決環保問題。
3. 理由：說明技術的優勢、先進程度和數據，客戶採用該技術能獲得的預期成果等。
4. 結論：綜上所述，貴公司採用這項新技術，將有助於解決問題。

一旦決定了流程架構，接著就要根據訊息和邏輯，不斷充實內容，同時還要根據不同客戶量身訂做內容。當你在製作簡報時，**第一步是決定架構，接著是根據客戶的需求加強內容，使簡報更具說服力。**

情境：如何一開場就激起聽眾興趣。

×

請各位先看手中資料的第一頁，誠如各位所知，在長期的新冠疫情下……。

原因：逐一詳細說明資料，讓人沒有印象，談話也趨於平板、無聊。

○

我將先說明重點。在新冠疫情所帶來的變化中，〇〇是非常棘手的問題。相關詳細數據請各位參閱手中資料。

原因：開場就直搗核心，建立良好節奏。

3

資料不要順著唸，講一半就好

簡報幾乎會有資料輔佐，而如何製作和呈現，也是一大要點。

簡報資料的製作和呈現方式是有區別的。換句話說，我們沒必要將所有製作好的資料都放入簡報中。有人可能會覺得，「好不容易花心力製作了，放著不用不是很浪費嗎？」或者認為，「為什麼要蒐集不會派上用場的數據？」但是，上臺簡報不是只要將資料從頭到尾唸完就結束。簡報主要包含口頭說明及放投影片等視覺資料，這些視覺資料最好只提供簡單資訊，以便給觀眾留下印象。

相信各位都聽說過這個原則：**一張投影片只放一個訊息**。相反的，如果只是將資料從頭到尾朗讀，那還不如直接發給觀眾們自行閱讀，這種形式的簡報，只會讓觀眾覺得枯燥乏味。接下來，讓我們來思考實際說明和資料之間的關係，以及我們該如何有效運用這些材料。

資料只要講一半

正如先前所述，**簡報資料量要多於實際發表時的口頭說明量**，但實際簡報時，我們又該如何使用呢？

一旦決定了流程架構，就應該盡可能使用具體資料、數據等加強內容，但在現場發表時，你並不需要一一說明所有資料。解說大家都知道的資訊，或流水帳般的開場白，只會讓聽眾覺得無聊，例如，「二〇二〇年開始，全球經濟因爆發新冠疫情而嚴重受創……」，這類資訊只要呈現在書面資料中即可，實際發表時則可省略，以建立良好的節奏。

此外，如果你的簡報有分針對一般客戶的內容，和針對特殊客戶量身訂做的內容，最保險的做法是將兩者資訊都放入簡報資料中，並在針對特殊客戶詳細解釋，讓客戶更了解詳情。

上臺簡報時，你只要講大約一半的資料就足夠了。換句話說，書面資料可以詳盡無遺，但實際報告只要精選與結論相關的關鍵要素。

為什麼要這樣區分書面資料和簡報的功能？有以下幾個原因。

首先，簡報面向的聽眾一定是實際在場的人，書面資料則不一定。客戶閱讀資料的方式不盡相同，在只能看書面資料的情況下，報告者無法回答客戶的疑問，尤其是客戶公司中的高層，可能不了解一些專業知識或詳細的最新資訊，這種情況下，豐富的書面資料便能發揮作用。

最萬無一失的做法是，提前準備好可供客戶參考的書面資料。當參加簡報的觀眾想要重新確認簡報內容，或是有相關疑問時，便可以參閱手中資料，畢竟不是每一場簡報都有時間讓參加者自由發問。

情境：當簡報的問答環節無人提問時。

✕

到目前為止有任何問題嗎？沒有的話我就繼續……。

原因：問答環節雖然很重要，但僅僅如此並無法充分活用。

○

到目前為止有任何疑問嗎？請問總經理！您對第三頁的圖表有任何想法嗎？

原因：觀察擁有決策權的關鍵人物，有時可由我方主動出擊提問。

4 讓關鍵人物與你站在同一陣線

正常情況下，一場簡報會有多位觀眾。簡報結束後，通常是由位階較高且擁有權力的人做決定。例如，在眾多的提案公司中挑選合作對象，或是根據預算等考量做出最終決定等。

簡報雖然是報告給所有觀眾聽，但如果可以的話，**發表者應該把注意力集中在擁有最終決策權的人身上**。

我認為以完全平等、不分位階的態度面對聽眾，有點浪費這個寶貴機會。因為即使所有人都覺得你的簡報很棒，但如果負責人持反對意見，最終也無法取得成果。

活用問答環節，點名關鍵人物

首先，你至少要**確認頭銜最高的人坐在臺下的哪裡，並利用空檔觀察對方的反應**。他是否有專心聆聽你的簡報，或是低頭看手中資料，這兩種反應所代表的意思截然不同。如果是後者，就代表該關鍵人物對你的簡報不是很感興趣。

在上一段中有提到活用問答環節，如果將提問對象鎖定為關鍵人物，將會更有效果。在某些情況下，我會直接點名請對方提問，例如：「總經理，請問到目前為止，有任何不清楚的地方嗎？」

如上所述，報告者必須讓擁有最終決定權的人參與簡報，並說服對方。就算不使用上述手法，至少也要在臺上觀察對方的反應。

向多位客戶展示同個簡報很常見，如果是自己負責的商品或服務，自然會有一些共同之處，不會因為對象不同就改變內容。而且為每一位客戶重新準備資料或改變流程，以工作效益來說，這個做法也很不切實際。

簡報都有固定模式。但是，即使流程和資料在某種程度上相同，也要**盡可能為對方客製化，並在簡報時強調這一點**。如此便能讓客戶更清楚你所推銷的產品，最重要的是，對方會覺得你很積極，且為他們做了充足的準備。即使你只加入一些客戶公司特有的問題，或是所屬業界面臨到的挑戰和煩惱等，都可以讓對方感受到你的用心，提升你的評價。

然而問題是，即使你能事前針對客戶進行一定程度的採訪或訪談，有時卻可能沒有時間去了解詳細情況，或是深入挖掘和蒐集數據。在這種情況下，你可以列舉其他公司或行業的案例。例如，將客戶公司與使用相同產品或服務的其他公司比較後，在簡報中說明：「我認為貴公司所面臨的問題是這一點，貴公司所處的業界中，這項平均值似乎明顯低於其他業界的平均值……。」如此一來，便能增加說服力。

情境：如何在一開始就吸引觀眾注意。

✕

為什麼我們會被〇〇的服務所吸引？（停頓一段時間）因為〇〇吸引人的魅力在於……。

原因：發表者試圖模仿史帝夫・賈伯斯（Steve Jobs）的簡報風格，但看在觀眾眼裡卻非常尷尬。

○

感謝各位抽出時間了解本公司關於〇〇的新技術。我想說明三項重點，首先是……。

原因：不裝模作樣，簡潔說明聽眾反而更安心。

5 不要模仿賈伯斯，你不是

當提到簡報天才時，許多人可能會想到已故的蘋果公司創始人史帝夫．賈伯斯。

他總是穿著同樣的衣服，發表時會到處走動，使用獨特的動作和手勢，並在字句間保留獨特的空檔，透過簡單的訊息談論新產品和服務，說明其內容和意義。在賈伯斯有生之年中，許多客戶和業界人士都對他的發表會深深著迷。

但是，請容我在這大聲的奉勸各位：「即使這樣的方式很吸引人，也不要試圖模仿史帝夫．賈伯斯！」雖然不方便點名是誰，但至今仍有許多企業家在發表新商品時，會模仿他的風格。

當你看到臺上人的穿著，就知道是刻意買來的日常服裝，且依賴提詞器生硬的唸稿時，你怎麼想？或許會跟我一樣覺得「好丟臉」、「好尷尬」、「看著就覺得好羞恥」吧。本來是一場重要的發表會，但觀眾的目光卻被發表者尷尬的言行所吸引，導致幾乎聽不進講了什麼，光是這一點，這場簡報就已經失敗了。

模仿反而讓你不自然

當人們在重大發表會上，發表一個可能左右公司未來的簡報，並面對眾多相關人士和媒體時，總是會想要加入一些巧思，正因如此，許多人會模仿名人的簡報風格。

幸運的是，一般上班族的簡報規模不會太大，也不會推出什麼可以震驚全世界的新商品或服務，而且我們都不是賈伯斯。無論我們如何模仿別人的風格，只要它不是來自於你自身的想法，最終呈現出來的結果只會讓觀眾覺得不自然。有些人會誤以為透過模仿成功的簡報風格，可以彌補自身缺乏的經驗，但是這種做法最糟的情況，會讓你看起來像在演短劇。

你的簡報不用很特別

開門見山的說，普通人的簡報只要普通就好。

認真準備資料，用投影片傳達重要訊息。假設所有資料量是一〇〇%，實際發表時，說明量設定在五〇%左右就好。雖然沒有新意，但很有效，各位的首要任務，就是掌握本書介紹的正確說明方式。

當今天在臺上發表簡報的人，並非像賈伯斯這樣的名人時，觀眾的焦點並不會放在演講者是誰，或是簡報風格如何，他們會聚焦在內容上。

「我應該讓自己的說話方式更具特色嗎？」、「我應該在衣著上花更多心思嗎？」、「我應該如何呈現簡報的視覺設計……」，這些問題在你累積優秀的業績和建立個人口碑後再考慮就可以了。在此之前，我們必須思考如何引導觀眾理解內容、如何給予觀眾驚喜，以提升競爭力。

情境：如何讓客戶留下深刻印象。

✕

某公司採用本公司的產品後，成本降了一〇%。

原因：說明雖簡潔扼要，卻無法帶給觀眾驚喜，只有八十分。

○

該公司採用本公司的產品後，成本減少了一〇%，並將省下的預算用於開發新產品……。

原因：將重點具體化，如果成功吸引到客戶，則能達到一百二十分的效果。

6 驚喜、驚訝、感動與刺激，總得有一個

在簡報內容相同的情況下，有時我們需要穩扎穩打，有時卻需要積極挑戰。

以下列舉兩種情況：

- 與客戶有穩定合作關係且相互熟悉。
- 當你沒有業績，而且正與其他公司競爭。

即使以上兩種情況皆是簡報相同產品或服務，雖然內容上不會有明顯

差異，但使用的武器（技巧）卻不盡相同。

在前者的情況下，如果滿分是一百分，那發表者的目標設定在平均八十分就足夠了。由於對象是熟悉的老顧客，因此你對客戶的概況、他對產品的關心度、客戶與公司之間的關係有某種程度的了解，所以簡報時該注意的是正確傳達內容，不必畫蛇添足。

反之，如果你不確定客戶是否會點頭答應，也不太清楚對方是什麼樣的人，在這種情況下，你必須讓對方留下非常深刻的印象，才可能成交。也就是說，你要以一百二十分為目標，在簡報中加入讓人意外和具有挑戰性的點。

以平均八十分為目標

運用普通的方法能讓簡報拿到八十分，但困難的地方在於，如果你做了一百次簡報，要保持其中九十九次……最好是一百次都在八十分左右，這樣平均下來才是八十分，盡量不要有時一百分，有時六十分，這樣平均下來分數反而不高。

正確運用本書所介紹的基礎技巧，可以幫助你每次簡報都在八十分上下。發表者必須掌握觀眾和客戶的相關情報，了解對方對簡報資料的喜好，再一點一點改善。

最糟糕的情況是被客戶誤解，「他好像已經習以為常，所以沒有用心對待我」，或「這種程度的簡報就想說服我，這個人真的有用心工作嗎」。如果你可以逐步改善內容，或是針對顧客公司量身訂做簡報，就可以避免上述情況發生。

以一種非常簡單、正確的方式傳達內容，並在一、兩處下功夫添加獨創性，這種做法可以幫助你每次簡報都穩拿八十分左右，如此一來，你將能提高客戶對自己的信任，個人評價也會隨之提升。

若以一百二十分為目標，我要怎麼做？

如果你做一百次簡報，可能會有其中一次獲得一百二十分。雖說機率很小，但在必要的情況下，有時就算有風險，你也要抱著一擊必中的決心，挑戰達成一百二十分的簡報。要做到這一點，必須準備好武器，讓自己的簡報分數，大大超越對方心目中的「一百分」。

你的武器就是讓意外最大化，具體來說，就是創造驚喜、驚訝、感動、刺激等，雖然這聽起來可能與「不要模仿賈伯斯」的理論相互矛盾，但簡報的基礎架構，依然是用具體資料和邏輯加強內容。

「某公司在採用了本公司的產品後，成本降低了一〇%」這樣講沒問題，但當你加上故事情節後，給人的感覺就完全不同了，例如，「這間公司在當地一直以穩健管理聞名，該公司在改善成本支出後，得以避免削減人事費，同時還提高了生產力，使當地經濟得以避免受到衝擊」，如果臺下的客戶中，有公司經營者或高管正面臨相似問題，很可能會產生共鳴。你可以從客戶近期關心的事和問題等取得靈感，盡可能的在簡報中，創造高機率吸引客戶目光的意外演出。

情境：如何在長時間中持續吸引聽眾。

✕

A因為〇〇理由而變為B，是由於C的技術大大提高其生產力。

原因：平板的敘述方式讓聽眾失去注意力。

〇

A實際上變成了B，各位認為是為什麼？是因為一種稱作C的技術，大大提高該公司的生產力。

原因：創造跌宕起伏的情節，避免觀眾無聊，並集中在簡報上。

7

直接點名會有壓力，讓他多舉手

許多簡報皆是發表者單方面不斷丟資訊給觀眾。雖然原因有很多種，但我認為主要是因為簡報有限時間，在許多情況下，簡報者無法在限定時間內，完整傳達內容與想解釋的事情。

如果你這個也想講，那個也想說，你的簡報就會變得毫無喘息空間。結果就會變成發表者單方面不斷丟資訊。

不過這種做法也並無不可，如果你的簡報充滿了劃時代、獨家資訊，你所舉的具體案例和數據充滿了新鮮且刺激的要素，即使資訊量再大，聽眾也不會厭煩，但這種情況相當少見。

在單方面不斷丟資訊的情況下，只有發表者會有緊張感，聽眾則會逐漸感到無聊，它們會覺得發表者不是在對自己談話，因此失去注意力。結果，即使實際上真的傳達了有用的訊息，聽眾也很難聽進去。

讓聽眾舉手、向聽眾提問、與聽眾合作

以前在學校上課時，有些老師只會單方面講解並在黑板寫字，而學生只是將黑板內容抄寫在筆記本上，這樣的教學風格很容易讓學生想打瞌睡，或是在筆記本上塗鴉打發時間，有的學生甚至會偷偷玩起遊戲。

但是，如果老師會隨機點名學生並詢問：「你覺得怎麼樣？」或「你認為答案是什麼？」相信會讓每個學生都很緊張，藉此減少學生在授課途中失去注意力並跟不上進度的機率。

避免讓人無聊的方法，與迴避被誤以為簡報很無趣的技巧，其實皆與

上述的授課方式很類似。

如果指名臺下聽眾回答問題，可能會讓對方有壓力，因此你可以這麼問：「請問各位聽眾中有符合○○的人嗎？有的話請舉手讓我參考一下」，或是「我想做一個簡單的調查，請問各位看到這項數據後，有人產生○○的想法嗎？有的話請舉手讓我參考一下……舉手的人約有三成吧。其實我們實際向兩千人做了問卷調查，調查結果與剛剛的調查略有不同……」，僅僅是插入這樣簡單的對話，就能縮短與聽眾的距離，並提高他們的注意力。

正如先前所說，穿插問答環節也是一種技巧。這個環節的用意在於，確認簡報的整體流程和詢問對方感興趣的點，除此之外，試著向聽眾提出較輕鬆的問題，也會得到不錯的效果，或許還能衍生為簡短對談。

有些人為了刺激聽眾思辨問題，會在開頭或故事的轉折點，使用與聽眾合作的技巧。

發表者可以詢問聽眾：「請各位思考關於××的可能，並與身旁的人分享你的想法。」這種方法除了可以提升聽眾對內容的理解度和興趣之外，還能帶來適度的緊張感。比起安靜的坐著聆聽簡報，讓聽眾與周圍陌生人交換意見，能恰到好處的提振精神，更重要的是，這種效果會同時發生在所有參與者身上，因此發表人可以在短時間內改變場內氣氛。如果該技巧能巧妙結合內容，將會是一大助力。

情境：如何透過一份具說服力的簡報，讓聽眾信任你？

✕

這項數據顯示了該產品出色的成效，另一項數據也展示了其優越性，〇〇大學××教授的研究論文也有採用該產品的數據……。

原因：即使所有資訊都是事實，但只傳達好的資訊，反而讓人懷疑。

〇

這項數據顯示了該產品出色的成效，另一項數據也展示了其優越性。然而，該產品有一項隱憂，那就是……。

原因：透露一點負面資訊，會讓他人覺得你很誠實。

8 正反消息都要說，但比例不一樣

當你在講解，特別是在推銷和簡報，你希望客戶點頭成交時，一定會以傳達正面資訊為主，這很正常。如果有人只傳達壞消息，反而才奇怪。但是，百分之百都傳達優點其實也有問題，因為有一部分的人會認為，「這是在推銷產品，所以一定只會說好消息吧」。

優秀的聽眾有能力自行判斷產品價值。只說好的，聽眾們會懷疑簡報的真實性，或是簡報是否有隱藏負面資訊，他們會想，如果購買商品後發現有缺陷，業者是否會反過來責怪他們當初購買時沒詢問清楚。

正反面資訊都要說，但比例不一樣

我會在簡報中刻意說明負面資訊，並加入自己對負面資訊的看法，我認為這也是一種簡報技巧。在這種情況下，好消息的量必須大於壞消息。

在簡報中傳達負面資訊本來不具任何效果，因為壞的也不會因此變好，但**敢於傳達負面消息的人，反而能獲得信任**。聽眾會覺得你不是只會說漂亮話，他們認為你會為客戶明確分析產品的好處和壞處，就算購買產品後出了問題，你也會真誠應對。

藉由提供負面資訊給客戶留下真誠的印象，藉此提高簡報成功率。

在傳達負面資訊時，請牢記幾個目標。

首先，務必告知法律上所謂的瑕疵（乍看之下無法發現的故障或缺陷），如果你有義務告知產品缺陷，就得如實告知客戶。

接著是免責聲明（免責事項、注意事項），換句話說，你必須明確告知客戶，當產品發生問題時，我方會負多少責任，而客戶方又該負責多少，將責任歸屬誠實告知客戶。

如果簡報中沒有上述這類內容，有時你可以試著加入一些，讓聽眾產生信賴感。你可以介紹實際發生問題的案例，以及如何解決，以此消解聽眾的擔憂。

另外，我建議在簡報內說明成功與不成功案例之間的差異，並介紹相關研究或調查，對客戶而言，如果自家公司符合負面案例的狀況，也能避免白白浪費金錢和機會。

如此一來，即使這次的簡報沒有促成合作，也能提升客戶對你的信任，對方會將你視為不會說謊的人和值得信賴的公司，會對你下一次的簡報帶來幫助。

情境：在影片開場部分添加巧思，吸引觀眾看完。

✕

今天影片的結論是○○，接下來會說明數據和案例。

原因：在開頭就把重點說完，觀眾會不想繼續看影片。

○

今天影片的結論是○○，但有很多人都誤解了某個部分！我將透過數據和具體案例，讓各位掌握其中關鍵！

原因：事前將簡報流程告知聽眾，但隱藏最關鍵的部分。

9 所有 YouTube 的挑戰：讓人從頭看到尾

要讓聽眾對簡報感興趣並專心聽到最後，是一個相當大的挑戰。

雖然不太可能會有大批觀眾在簡報途中離席，但是，從 YouTube 這種影音平臺的角度來看，觀看影片的觀眾，其實沒有義務顧慮創作者的心情，他們如果覺得無聊，便會立刻跳去看其他影片。

在 YouTube 上，如果能讓觀眾看完整段影片，將會獲得 YouTube 官方的高評價，因此我在構思影片時，都會思考如何讓觀眾看完。某天我突然意識到，這方面的知識其實可以應用於簡報或說明中。其中，激起觀眾期待感的這項技巧最適用於簡報，且應用範圍廣泛。

提升聽眾期待，但不告知所有細節

對於我這種學習類頻道，如果想讓觀眾將影片看到最後，最基本的做法，就是把最重要的內容放在最後面。原因很簡單，如果在開頭就把重點說完，就不會有人繼續看下去了。

但是，必須看到最後一秒，對觀眾來說也是很痛苦的一件事。有些觀眾可能會直接跳到後面，只看結論。因此最好的方法是將重點安排在影片中間，讓觀眾一邊觀看的同時，一邊期待後面的內容，這就是製作YouTube 影片的理想結構。

理想結構可分為以下三大重點：

1. 在開頭激起觀眾的期待，但要避免完全透露重點。
2. 一開始就告知觀眾影片的流程大綱。

3. 在尾聲複習重點。

在途中慢慢釋出重點，激起觀眾的期待，讓人想要知道更多，以此保持動力繼續看下去，這樣的結構能有效讓觀眾看到最後。

三種方法，讓觀眾始終感興趣

讀者可以參考「駭客大學」的影片，頻道內每支影片都是很淺顯易懂的具體例子，接下來介紹我經常使用的應用方法。

1. 激起觀眾的期待感：你可以說明觀看這支影片能得到什麼好處，並述說看完**可能產生什麼變化，給予觀眾期待**。這麼做的目的，是讓觀眾認為「看完這支影片能獲得知識」，或「這支影片能幫助自己補足某種缺陷」，如此一來，觀眾就會有動力繼續看下去。

2. 告知觀眾影片的流程大綱：就像我現在依序介紹重點一樣，你必須**逐一列出影片的流程大綱**，例如在開頭預告，「這段影片，我將針對A、B、C三項重點來說明」，讓觀眾更容易掌整體流程，避免在途中感到疑惑。

3. 在尾聲複習重點：當你說明完所有內容後，其實不少觀眾早已忘記最初的幾項重點。因此，你可以**在影片尾聲再複習一次所有要點**，**讓觀眾對此留下強烈印象**。如此一來，觀眾會覺得你善於說明，且影片內容淺顯易懂。

發表簡報時也只要注意上述三項重點，便能有效提升觀眾對簡報的興趣和集中力。

國家圖書館出版品預行編目（CIP）資料

最少話的最強說明法：「擅長說明」的人無須很會說話。年薪四百萬的外資菁英示範，怎麼說明不費力，聽者給好評，還給高薪。／駭客大學PESO（ハック大学ぺそ）著；林佑純譯. -- 初版. -- 臺北市：大是文化有限公司, 2023.03
224 面；14.8×21 公分. --（Biz；421）
ISBN 978-626-7251-25-6（平裝）

1. CST：商務傳播 2. CST：溝通技巧
3. CST：職場成功法

494.35 111021549

Biz 421

最少話的最強說明法

「擅長說明」的人無須很會說話。年薪四百萬的外資菁英示範，
怎麼說明不費力，聽者給好評，還給高薪。

作　　者／駭客大學 PESO（ハック大学ぺそ）
譯　　者／林佑純
責任編輯／林盈廷
校對編輯／黃凱琪
美術編輯／林彥君
副 主 編／馬祥芬
副總編輯／顏惠君
總 編 輯／吳依瑋
發 行 人／徐仲秋
會計助理／李秀娟
會　　計／許鳳雪
版權主任／劉宗德
版權經理／郝麗珍
行銷企劃／徐千晴
行銷業務／李秀蕙
業務專員／馬絮盈、留婉茹
業務經理／林裕安
總 經 理／陳絜吾

出 版 者／大是文化有限公司
臺北市 100 衡陽路 7 號 8 樓
編輯部電話：（02）23757911
購書相關資訊請洽：（02）23757911 分機122
24小時讀者服務傳真：（02）23756999
讀者服務E-mail：dscsms28@gmail.com
郵政劃撥帳號：19983366　戶名：大是文化有限公司

法律顧問／永然聯合法律事務所
香港發行／豐達出版發行有限公司 Rich Publishing & Distribution Ltd
地址：香港柴灣永泰道 70 號柴灣工業城第 2 期 1805 室
Unit 1805, Ph. 2, Chai Wan Ind City, 70 Wing Tai Rd, Chai Wan, Hong Kong
電話：21726513　傳真：21724355
E-mail：cary@subseasy.com.hk

封面設計／林彥君
內頁排版／顏麟驊
印　　刷／緯峰印刷股份有限公司

出版日期／2023 年 3 月初版
定　　價／新臺幣 380 元（缺頁或裝訂錯誤的書，請寄回更換）
I S B N／978-626-7251-25-6
電子書ISBN／9786267251232（PDF）
9786267251249（EPUB）